내 차 사용설명서

이 도서의 국립중앙도서관 출판시도서목록(CIP)은 서지정보유통지원시스템 홈페이지(http://seoji.nl.go.kr)와 국가자료공동목록시스템(http://www.nl.go.kr/kolisnet)에서 이용하실 수 있습니다.(CIP제어번호: CIP2013002433)

일반인을 위한 자동차 정비 매뉴얼 서음부터 끝까지!

내 차 사용설명서

김치현·정태욱 지음

연두m&b

INTRO

Never do things others can do and will do
if there are things others cannot do or will not do.

Amelia Earhart

다른 사람들이 할 수 있거나 할 일을 하지 말고,
다른 이들이 할 수 없고 하지 않을 일들을 해라.

아멜리아 에어하트

머리말

글로벌 자동차 생산 강국 대한민국에서 자동차 정비 관련 업종에 몸담은 지도 벌써 20년이 넘었다. 지난 시간 동안 국내의 대표 자동차 회사, 자동차 부품 및 차량 무역 회사, 수입 자동차 유통 회사, 자동차 정비 프랜차이즈 회사까지 많은 경험을 하며 열정적으로 일할 수 있었던 건 개인적으로 가지고 있는 자동차에 대한 호기심과 신비함 때문이었다. 이제 이 책을 통해 지난 세월 쌓아온 자동차 정비 경험을 많은 사람들과 나누어 모든 이들이 자신의 자동차를 더욱 안전하게 관리할 수 있도록 하고자 한다.

얼마 전 주차장에서 펑크 난 타이어를 교환하는 부부에게 도움을 준 일이 있었다. 남편은 '잭'을 손에 들고 차 밑 어디에 맞춰야 할지 몰라 안절부절못하고 있었고, 아내는 실눈을 뜨고 이런 남편의 모습을 바라보고 있었다. 알고 나면 누구나 할 수 있는 일이지만 일반인들은 자동차 점검·정비 방법을 배울 수 있는 기회가 거의 없기 때문에 작은 돌발 상황이라도 발생하면 눈앞이 캄캄해지는 경우가 대부분이다.

차를 경제적으로 관리하기 위해서 자동차에 대한 모든 것을 알 필요는 없다. 자동차에는 꼭 교체해야 할 부품들이 있는데, 이것들은 수명이 다하면 정비소를 찾아 반드시 새것으로 교체해야 한다. 하지만 간단한 소모품 교체라든지 각종 오일, 주요 부품의 점검, 응급 상황 시 대처 방법 등은 자세한 원리와 과정만 알면 자동차를 전혀 모르는 일반인이라도 쉽게 할 수 있다. 주변을 둘러보면 어떤 부품들을 어느 시기에 교체해야 하는지 전혀 몰라서 몇 배의 손해를 감수하는 경우가 무척 많은데, 이제 이 책의 독자들은 그런 위험에서 벗어날 수 있을 것이다.

요즘은 인터넷의 발달로 원하는 정보를 쉽게 구할 수 있게 되었지만, 잘못된 정보들도 워낙 많기 때문에 검증되지 않은 지식을 온전히 받아들이지 않도록 각별히 주의해야 한다. 이 책은 일반인들을 위한 자동차 점검과 정비 노하우를 담고 있는데, 대부분의 설명은 따라 하기와 동영상으로 구성하여 독자들이 필요한 상황에서 스스로 쉽게 차량을 관리할 수 있도록 만들었다. 동영상의 경우 책에 나와 있는 QR code를 휴대폰으로 스캔하기만 하면 언제 어디서라도 정비 과정을 영상으로 볼 수 있어 일반인 독자들에게는 매우 유용한 책이 될 것이다. 책에서 사용한 자동차 주 모델은 현대자동차 NF소나타이고, 일부 부품의 경우 혼다 2007년식 CRV를 활용하였다. 자동차 제조사에 따라 부품의 위치, 형태, 정비 방법이 조금씩 다를 수 있기 때문에 자신의 차가 책과 똑같지 않더라도 책에서 설명한 방법을 응용하여 차를 안전하게 관리해 보자.

마지막으로 이 책이 출판될 수 있도록 물심양면으로 도와주신 연두m&b 출판사에 감사의 말씀을 드리며, 케미칼 정비의 정보를 제공해주신 와코스(Wakos) 코리아의 박계현 사장님과 알찬 내용의 책으로 만들어지기까지 조언과 격려를 보내 주신 여러 선후배들, 그리고 항상 자식을 위해 기도해 주시는 부모님께 감사의 말씀을 올린다.

김치현

* 책에 설명한 자동차 점검, 정비 방법 동영상은 QR code를 스캔하거나 연두m&b 홈페이지(www.ydmnb.com)에서 이웃 신청 후 확인할 수 있다(QR code 스캔은 네이버 QR code 스캔 서비스 활용 권장).
* 자동차 정비는 안전에 주의를 기울이지 않으면 자칫 큰 사고로 이어질 수 있으니 반드시 안전을 확보한 상태에서 작업을 진행하도록 한다.

추천 글

자동차를 가진 사람이라면 누구나 갖추고 있어야 할 대표적인 자동차 서적

'좋은 책'을 만나기란 쉽지 않습니다.

그것도 일반 교양 분야가 아닌 전문 분야라면 더욱 어려운 일입니다. 오늘날 자동차는 어느 가정에서나 갖추고 있는 생활용품이 되었지만, 일반인이 차량 내의 시스템적인 부분을 이해하기란 어렵기 그지없습니다. 자동차에 대해 알고 싶어 쉽게 쓴 책을 찾아봐도 시중에서 그런 책을 찾는다는 건 여간 어려운 게 아닙니다. 그동안 그런 책이 없었던 이유는 자동차에 대한 지식을 일반인이 접근하기 쉽게 설명하는 것 자체가 어렵기 때문입니다. 「내 차 사용설명서」는 지금까지의 자동차 정비 책들과 분명히 다르고 접근하기 쉬운 책입니다. 특히 책으로 설명하기 어려운 부분은 QR 코드를 활용하여 40여 개의 동영상으로 제공, 요즘 누구나 가지고 있는 스마트 폰을 이용해 실시간으로 동영상을 확인할 수 있도록 했습니다.

이 책에서는 차량의 보닛을 열고 확인하는 가장 기초적인 방법부터 기본 소모품인 오일류를 별도로 모아 설명하고 있습니다. 그뿐만 아니라 필수 소모품 관리와 계절에 따른 집중 관리 방법에 이르기까지 파트 하나하나가 지금까지의 책들과 확실히 차별화된 것을 알 수 있습니다. 또 차량 운행 중 위급한 상황에 대비한 조치들은 우리가 절대 놓치지 말아야 할 부분입니다. 자동차에 대한 전반적인 지식을 얻고자 하는 사람이라면 차량에 항상 비치해 두었다가 필요할 때마다 자가 정비 방법을 도움 받을 수 있을 것입니다. 「내 차 사용설명서」는 너무 가벼운 교양 서적도, 그렇다고 전문가가 읽는 전문 서적도 아닌 장서로서의 가치가 충분한 책입니다. 자동차에 처음 입문하는 초보자부터 전문가들까지 한 번쯤 볼 만한 가치가 있는 책, 「내 차 사용설명서」는 바로 앞서 언급한 '좋은 책'이라고 할 수 있습니다.

김필수(대림대 자동차학과 교수)

세계 자동차 강국에 걸맞은 자동차 문화의 길라잡이 책

현대기아차가 글로벌 시장의 공략을 가속화한 결과, 우리나라는 세계 자동차 산업 신흥 강자로 자리매김했으며 국산 자동차는 한층 업그레이드되었습니다. 어느새 우리나라의 자동차 등록 대수는 1,800만 대를 넘어서고 있는데, 이는 자동차 1대당 인구수 2.74명에 이를 정도로 세계적인 경제 불황에도 불구하고 우리나라 자동차의 양적 성장은 꾸준히 상승 추세를 보였습니다. 하지만 우리나라에 진정한 자동차 문화가 있던가요? 자동차 차령 약 18년 전후 차가 폐차 등으로 인해 감소하고, 튜닝 및 클래식 카의 저변 확대는커녕 법률도 제대로 마련되어 있지 않은 것을 보면 쉽게 알 수 있습니다.

이러한 상황에서 「내 차 사용설명서」의 출간은 꺼져 가는 우리나라 자동차 문화의 길라잡이가 되리라 믿어 의심치 않습니다. 책에서는 일반적인 사용 방법부터 소모품 교환 주기에 대한 정보를 '부드러운 차를 만드는 7가지 오일류와 벨트', '내 차를 안전하게 만드는 13가지 필수 소모품 정비하기'로 나누어 일목요연하게 설명하고 있습니다. 또 각종 소모품을 직접 교체하거나 자동차를 볼 수 있는 혜안을 다섯 개의 부에 적절히 나누어 알려 줍니다. 특히 이 책의 많은 장점 중에서도 백미는 바로 QR 코드를 통해 정비 동영상을 제공, 일반인들이 보다 쉽고 빠르게 자동차의 구조 및 정비 시스템을 이해할 수 있도록 편리성을 도모했다는 점입니다. 「내 차 사용설명서」의 저자들은 자동차를 전공한 이후 자동차 관련 각종 서비스 산업에서 익힌 노하우를 이 책 하나에 모두 담으려 노력했습니다. 책에 담긴 사진과 동영상을 보면 자동차 사용자들과 전문가가 함께 호흡할 수 있도록 하기 위한 노력이 여기저기에서 묻어나는 것을 느낄 수 있습니다. 비록 지금은 우리나라에 자동차 문화가 없다는 이야기를 안타깝게 하고 있지만 「내 차 사용설명서」와 같은 자동차 문화의 길라잡이를 통해 가까운 시일 내에 건선한 자동차 문화가 형성될 수 있을 것으로 믿습니다.

장미희(월간 카포스 편집국장)

목차

CONTENTS

머리말
추천 글

01 Mechanic Part
내 차 이렇게 생겼어요 14

- **Owner Driver 01** 인간 생활의 네 가지 기본 요소, 의식주차(衣食住車) 16
- **Owner Driver 02** 자동차 실내의 주요 장치 둘러보기 18
- **Owner Driver 03** 보닛 여는 방법과 엔진 룸 구경하기 20
- **Owner Driver 04** 자가 정비에 필요한 차량 하부 살펴보기 24

02 Mechanic Part
부드러운 차를 만드는 5가지 오일과 2가지 벨트 정비하기 26

- **Owner Driver 05** 엔진 오일(engine oil) 28
  Professional Page. 누구도 말해 주지 않는 엔진 오일에 관한 불편한 진실
- **Owner Driver 06** 오토매틱 트랜스미션 오일(automatic transmission oil) 48
  Professional Page. 오토매틱 트랜스미션의 고장과 해결 방법
- **Owner Driver 07** 파워 스티어링 오일(power Steering oil) 56
- **Owner Driver 08** 브레이크 오일(brake oil) 62
  Professional Page. 엔진 브레이크가 필요한 이유
- **Owner Driver 09** 냉각수와 부동액(coolant) 72
  Professional Page. 라디에이터 냉각수 누수의 원인과 대처 방법
- **Owner Driver 10** 구동 벨트(drive belt) 84
- **Owner Driver 11** 타이밍 벨트(timing belt) 88

11
목차

목차

03 Mechanic Part
내 차를 안전하게 만드는 13가지 필수 소모품 정비하기 90

- **Owner Driver 12** 에어컨 필터(실내 항균 필터, cabin filter) 92
- **Owner Driver 13** 배터리(battery) 98
- **Owner Driver 14** 헤드 커버 개스킷(head cover gasket) 108
  Professional Page. 내 차 바로 알기 점검 시트
- **Owner Driver 15** 점화 플러그(spark plug) 112
  Professional Page. 자동차 계기판에 표시되는 다양한 경고등
- **Owner Driver 16** 연료 필터(fuel filter) 120
- **Owner Driver 17** 타이어(tire) 122
- **Owner Driver 18** 브레이크 패드(brake pad) 128
- **Owner Driver 19** 로어 암 & 어퍼 암(lower arm & upper arm) 132
- **Owner Driver 20** 쇼크 업소버(shock absorber) 134
  Professional Page. 주요 정비 소모품의 교체 주기
- **Owner Driver 21** 드라이브 샤프트(drive shaft) 138
- **Owner Driver 22** 머플러(소음기, muffler) 142
  Professional Page. 머플러에서 흰 연기가 나오는 이유
- **Owner Driver 23** 전조등 & 미등(head & tail lamp) 148
- **Owner Driver 24** 브레이크 등(brake lamp) 158

04 Mechanic Part
10가지 응급 상황, 10가지 긴급 조치 162

- **Owner Driver 25** 주행 중 타이어가 펑크 났을 때 164
  Professional Page. 고속도로에서 응급 상황 발생 시 기본 조치 단계
- **Owner Driver 26** 배터리가 방전되어 시동이 안 걸릴 때 174
- **Owner Driver 27** 엔진이 과열되어 오버 히트 현상이 발생할 때 178
- **Owner Driver 28** 비 오는 날 와이퍼가 작동하지 않을 때 180
- **Owner Driver 29** 비 오는 날 창에 서리가 껴서 밖이 잘 안 보일 때 184
  Professional Page. 자동차 부품의 현장 용어

Owner Driver 30	야간에 전조등이 안 켜질 때 188
Owner Driver 31	겨울철에 자동차 열쇠 구멍이 얼어서 키가 안 들어갈 때 190
Owner Driver 32	리모컨 키가 작동하지 않을 때 192
	Professional Page. 차량에 부착되어 있는 스티커
Owner Driver 33	타이어가 웅덩이에 빠져 헛바퀴만 돌 때 196
Owner Driver 34	야간 운행 중 갑자기 전조등이 어두워질 때 198

05 Mechanic Part
사계절 차량 관리 노하우로 유지비 절약하기 200

Owner Driver 35	봄 청소·세차·광택 202
	Professional Page. 가죽 시트를 오랫동안 깨끗하게 유지하는 노하우
Owner Driver 36	봄 빗길 운전 206
Owner Driver 37	봄 유리창 청소(워셔액/와이퍼) 208
	Professional Page. 자동차의 창문이 잘 안 열리거나 닫히지 않는 현상
Owner Driver 38	여름 엔진 과열 218
	Professional Page. 자동차 검사의 종류와 검사 시기
Owner Driver 39	여름 에어컨 관리 222
	Professional Page. 연비 향상을 위한 5단계 수칙
Owner Driver 40	여름 장마철 자동차 관리 226
Owner Driver 41	가을 낙엽 228
Owner Driver 42	가을 황사 230
	Professional Page. 지하 주차장 천장에서 떨어진 시멘트 물 얼룩 지우기
Owner Driver 43	가을 안개와 야간 운전 234
Owner Driver 44	겨울 히터 236
Owner Driver 45	겨울 스노타이어와 스노체인 238
Owner Driver 46	겨울 시동 걸기 244

Owner Driver 01. 인간 생활의 네 가지 기본 요소, 의식주차 (衣食住車)
Owner Driver 02. 자동차 실내의 주요 장치 둘러보기
Owner Driver 03. 보닛 여는 방법과 엔진 룸 구경하기
Owner Driver 04. 자가 정비에 필요한 차량 하부 살펴보기

Mechanic Part
내 차 이렇게 생겼어요

새 휴대폰을 구입하면 한동안은 즐거운 마음으로 이것저것 만져 보고 설명서를 보며 기능을 익힌다. 그런데 휴대폰보다 훨씬 고가이면서 이제 우리 생활에 없어서는 안 될 필수품인 자동차를 구입해서는 매뉴얼도 읽어 보지 않은 채 운전대부터 잡는 사람들이 참 많다. 내가 타고 다니는 자동차가 어떤 부품들로 구성되어 있고, 어떻게 점검·정비해야 하는지 미리 알고 있으면 사고를 예방할 수 있을 뿐만 아니라 불필요한 지출을 하지 않아도 된다. Mechanic Part 01에서는 자동차의 보닛을 여는 방법부터 실내, 엔진 룸, 하부가 어떻게 구성되어 있는지 차근차근 살펴보자.

Owner Driver 01.

인간 생활의 네 가지 기본 요소, 의식주차 (衣食住車)

자동차는 인류 역사상 가장 위대한 발명품이라고 해도 과언이 아니다. 지금으로부터 약 6천 년 전, 인류는 바퀴를 발명한 이래 동물이나 바람에 의존하지 않고 스스로의 힘으로 달리는 수레를 오랫동안 꿈꾸었다. 17세기 프랑스군의 공병 장교였던 퀴뇨가 기계 장치의 힘으로 주행한 최초의 증기 자동차를 만들어 낸 이후 증기 자동차는 19세기 중반까지도 실용적으로 사용되었지만, 소형으로 개발하기 어려운 한계를 가지고 있었다. 그 후 수많은 시행착오 끝에 자동차는 내연 기관의 발달과 함께 발전해 오늘날 우리가 타고 다니는 형태로 만들어졌고, 현대인의 삶에서 빼놓을 수 없는 교통수단이 되었다. 과거에는 인간 생활의 세 가지 기본 요소로 '의식주(衣食住)'를 꼽았는데, 이제는 여기에 자동차를 포함시켜 '의식주차(衣食住車)'로 바꾸어야 한다고 말하고 싶다.

지금 이 순간에도 도로 위를 끊임없이 달리고 있는 수많은 자동차들. 우리는 평소에 자동차의 외관에만 주목을 하지만 만약 투시 안경을 끼고 그 내부를 볼 수 있다면, 그래서 자동차 내부 부품과 각종 오일의 흐름까지 감지할 수 있다면 아마 자동차를 보는 시각이 확 달라질 것이다. 자동차 내부의 복잡한 부품들을 굳이 외우고 있을 필요는 없으나 우리가 매일 타고 다니는 자동차가 어떻게 굴러가는지 정도는 알아야 차를 안전하게 관리할 수 있다. 자동차의 앞쪽 덮개를 보닛이라고 하는데, 운전자 스스로 점검할 수 있는 대부분의 부품은 보닛을 열면 나타나는 엔진 룸에 모여 있다. 어쩌면 보닛 내부를 처음 보는 사람도 있겠지만, 절대 겁먹지 말고 우리가 매일 타고 다니는 차는 과연 어떻게 생겼는지 이 책을 통해 차근차근 살펴보자.

Owner Driver 02.

자동차 실내의
주요 장치 둘러보기

운전을 해 본 사람이라면 자동차 실내의 장치들이 각각 어떤 역할을 하고 있는지 대부분 잘 알고 있다. 하지만 한 가지라도 미처 몰랐던 장치가 있다면, 제대로 활용하지 못한 요소가 있다면 자칫 위험에 처하거나 더 쾌적한 운전을 할 수 없을 것이다. 자동차의 실내에는 어떤 장치들이 있는지 천천히 한 번 둘러보자.

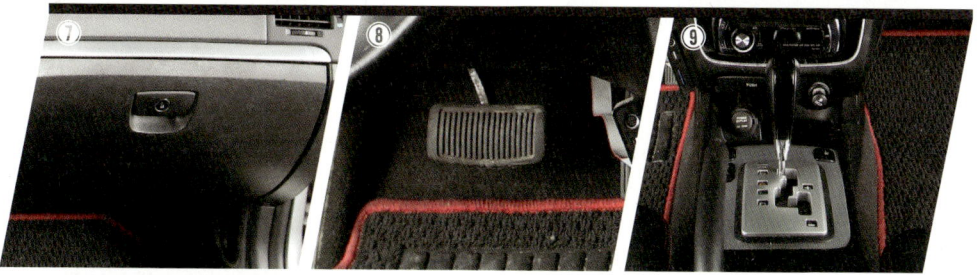

① 룸 미러 ⑥ 중앙 패널
② 핸들   ⑦ 글로브 박스
③ 계기판 ⑧ 브레이크 페달
④ 에어백 ⑨ 변속 레버
⑤ 통풍구 ⑩ 바닥 시트

Owner Driver 03.

보닛 여는 방법과 엔진 룸 구경하기

멋진 남성이 소매를 걷어 올리고 보닛을 연 채 엔진 룸 앞에 서서 부품을 만지작거리는 모습은 브라운관이나 스크린에 꽤 자주 나오는 장면이다. 차량의 점검은 보닛을 여는 순간부터 시작이라고 할 수 있는데, 어느 정도 자동차에 대한 경험이 있는 사람이라면 '보닛 여는 방법을 모르는 사람도 있을까?'라고 생각할 수 있지만, 실제로 초보자를 위한 운전자 교실을 진행해 보니 생각보다 많은 사람들이 보닛 여는 것을 어려워하고 있었다. 이제부터 천천히 책을 따라 하며 보닛을 열고 엔진 룸을 둘러보자.

보닛 여닫기

1 차량의 보닛을 여는 손잡이는 대부분 운전석 핸들 아래 왼쪽에 위치해 있다.

> **TIP** 차종에 따라 보닛 여는 손잡이의 위치가 다를 수도 있지만 보통은 손잡이에 보닛이 열린 상태의 자동차 그림이 그려져 있으니 쉽게 찾을 수 있을 것이다.

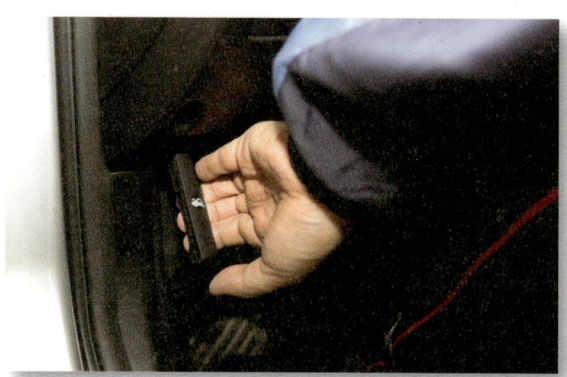

2 보닛이 열리는 소리가 들릴 때까지 손잡이를 천천히 잡아당긴다.

3 '툭' 하는 소리와 함께 보닛이 약간 올라오는 것을 확인할 수 있다.

주의 보닛을 열기 전에는 반드시 시동을 꺼야 한다. 만약 시동을 끄지 않은 상태에서 보닛을 열고 엔진 룸에 가까이 가면 팬벨트에 넥타이, 옷, 손가락 등이 끼어 큰 부상을 당할 수 있으니 절대 주의하자.

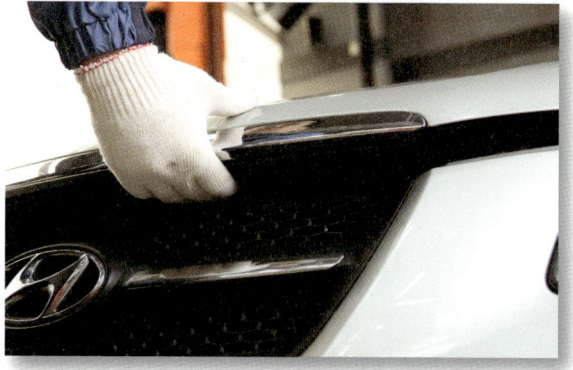

4 차량 앞쪽에 서서 보닛의 중간 부분 아래쪽에 손을 넣는다.

TIP 손잡이를 당겨 1차로 보닛을 열었어도 아직 보닛의 고리는 후크 모양 부품에 걸려 있기 때문에 직접 손으로 잠금을 해제해야 한다.

5 한 손으로 보닛을 들면서 다른 한 손으로는 후크 모양의 부품을 누르거나 당겨 보닛을 들어 올린다.

6 보닛을 완전히 위로 들어 올리면 자동으로 고정된다.

> 주의 최근 출시된 차량이 아닌 경우 엔진 룸 안쪽의 지지봉(Stopper)을 세워 보닛을 고정시키면 된다.

7 엔진 룸 내부의 점검을 마친 다음 보닛을 닫을 때 약간 위쪽에서 보닛을 그대로 떨어뜨리면 보닛의 무게로 인해 완전히 닫힌다.

> 주의 보닛이 완전히 닫히지 않은 상태에서 주행을 하면 큰 사고로 이어질 수 있으니 보닛이 잘 닫혔는지 반드시 확인해야 한다.

엔진 룸 살펴보기

자동차 보닛을 열어 보면 꽉 차게 들어선 기계 부품들 때문에 숨이 턱 막히는 사람도 있을 것이다. 하지만 여기에서는 엔진 룸 안에 어떤 부품들이 있는지 이름만 살펴보고, 각 부품에 대한 설명과 자가 점검 방법은 뒤쪽에서 따라 하기를 통해 배울 것이므로 벌써부터 걱정할 필요는 없다. 엔진 룸 안의 부품 위치는 차종에 따라 조금씩 다를 수 있지만, 대부분 비슷한 부근에 위치한다. 이 중 엔진 오일 게이지, 미션 오일 게이지, 브레이크 오일 탱크, 파워 오일 탱크, 워셔액 탱크, 배터리 및 배터리 인디케이터, 라디에이터 및 라디에이터 캡 등은 자가 정비의 주요 부품들이니 유심히 살펴보도록 하자.

① 쇼크 업소버 마운트
② 브레이크 오일 탱크
③ 스토퍼
④ 부동액 리저버 탱크
⑤ 에어 클리너 케이스
⑥ 퓨즈 박스
⑦ 파워 스티어링 오일 리저브 탱크
⑧ 엔진 오일 게이지
⑨ 미션 오일 게이지
⑩ 배터리
⑪ 워셔액 주입구
⑫ 라디에이터

Owner Driver 04.

자동차 정비에 필수인 차량 하부 살펴보기

자가 정비를 할 때 차량 바닥에 있는 부품을 직접 수리, 교체하는 것은 쉽지 않은 일이다. 차량의 하부를 정비하기 위해서는 우선 리프트를 이용해 자동차를 들어 올려야 하는데, 사실 일반인들은 리프트를 이용할 기회 자체가 많지 않다. 하지만 자동차의 하부가 어떤 부품들로 이루어져 있는지 알고 있으면 정비소를 방문해도 정비사의 설명을 충분히 이해하여 불필요한 지출을 막을 수 있다. 또 일부 셀프 정비소에서는 일반인들도 리프트와 정비 공구를 이용해 하부를 점검할 기회가 있으므로 자동차의 바닥이 어떻게 생겼는지 미리 한번 살펴보자.

자동차의 바닥에서 볼 수 있는 주요 부품으로는 타이어, 브레이크 패드, 쇼크 업소버, 로어 암, 촉매 장치, 머플러, 엔진 하부, 오일 팬 등이 있다. 단, 엔진 오일 팬, 오일 필터 등은 차량 앞부분에 언더 커버로 가려져 있으므로 이를 벗겨 내야 부품을 확인할 수 있다.

이 책의 동영상 확인하기

[UPGRADE]

이 책의 모든 자동차 점검·정비 동영상은 스마트폰을 이용해 QR code를 스캔하거나 연두m&b 홈페이지(www.ydmnb.com)에서 이웃신청 후 확인할 수 있다. 단, 스마트폰에서 QR code를 스캔하여 동영상을 확인하면 인터넷 연결을 하게 되므로 와이파이가 가능한 지역에서 실행하는 것이 좋다.

① 소음기
② 촉매 장치
③ 타이어
④ 연료 탱크
⑤ 자동 변속기
⑥ 로어 암
⑦ 파워 스티어링
⑧ 드라이브 샤프트
⑨ 엔진 하부 커버
⑩ 오일 필터

Owner Driver 05. 엔진 오일 (engine oil)
　　`Professional Page` 누구도 말해 주지 않는 엔진 오일에 관한 불편한 진실
Owner Driver 06. 오토매틱 트랜스미션 오일 (automatic transmission oil)
　　`Professional Page` 오토매틱 트랜스미션의 고장과 해결 방법
Owner Driver 07. 파워 스티어링 오일 (power Steering oil)
Owner Driver 08. 브레이크 오일 (brake oil)
　　`Professional Page` 엔진 브레이크가 필요한 이유
Owner Driver 09. 냉각수와 부동액 (coolant)
　　`Professional Page` 라디에이터 냉각수 누수의 원인과 대처 방법
Owner Driver 10. 구동 벨트 (drive belt)
Owner Driver 11. 타이밍 벨트 (timing belt)

Mechanic Part
부드러운 차를 만드는 5가지 오일과 2가지 벨트 정비하기

자동차를 운행하다 보면 소모품 교체 등 이런저런 정비를 해야 하는데, 그중 가장 정비를 많이 받는 부분이 각종 오일과 벨트다. 특히 엔진 오일의 경우 점검과 교환 횟수가 가장 빈번한 부품 중 하나이고, 그 외 다른 오일들도 부품의 수명과 성능에 큰 영향을 미치기 때문에 수시로 점검하는 것이 필요하다. 이제부터 자동차에서 가장 중요한 5가지 오일과 구동 벨트, 타이밍 벨트의 자가 점검 방법에 대하여 자세히 배워 보자.

Owner Driver 05.

엔진 오일(engine oil)

자동차의 심장, 엔진

엔진은 자동차의 심장이다. 연료와 공기를 이용해 폭발을 일으켜 차량을 움직이게 하는 자동차에서 가장 핵심이 되는 부품으로, 폭발을 일으키는 공간이 3개이면 3기통, 4개이면 4기통이라고 부른다. 흔히 2,000cc 차라고 할 때 해당 수치는 배기량을 말하며, 배기량이 클수록 강한 힘을 발휘한다. 자동차의 엔진은 대부분 보닛 안에 위치하지만, 간혹 차량 뒤쪽이나 중앙에 있는 경우도 있다.

엔진 오일 선택 시 주의 사항

자동차에서 엔진이 심장이라면, 엔진 오일은 신체의 혈액과 같은 역할을 한다. 혈액이 사람의 몸속에서 여러 가지 중요한 역할을 하는 것처럼 엔진 오일도 자동차의 엔진 내부를 흐르며 마찰 감소, 냉각, 밀봉, 방청, 응력 분산, 청정 등 다양한 역할을 수행한다. 그중에서도 엔진 오일의 가장 큰 목적은 쇠와 쇠가 지속적으로 맞부딪쳐도 이를 문제없게 만드는 윤활 작용이기 때문에 흔히 '윤활유'라고도 불린다. 엔진 오일은 보닛을 열면 보이는 엔진 윗부분의 실린더 헤드 커버 오일 필러 캡(oil filler cap)을 열고 엔진에 주입한다. 오일 통로를 통하여 흘

러내린 엔진 오일은 엔진의 제일 하단부인 오일 팬에 모이고, 오일 스트레이너, 오일 펌프, 오일 필터를 거친 후 다시 오일 통로를 통해 크랭크 축과 실린더 헤드 등 각 부분에 공급된다.

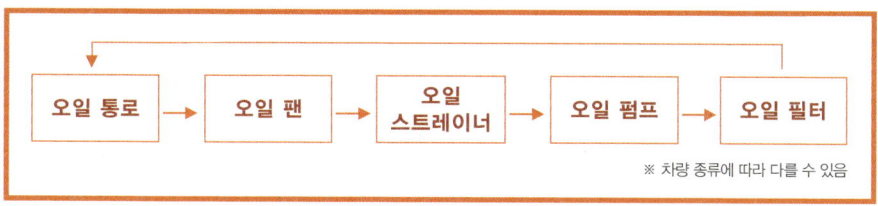

※ 차량 종류에 따라 다를 수 있음

우리나라에서 생산되는 전륜 구동 방식 차량의 대부분은 엔진과 변속기가 엔진 룸에 설치되어 있고, 차량 하부에 엔진 오일 필터와 오일 팬이 위치하고 있다. 우리는 엔진 오일의 흐름이나 관련 부품 하나하나에 큰 의미를 둘 필요는 없으니 그냥 '그런 것들이 있구나' 정도만 알고 넘어가도록 하자.

① 엔진 오일 필터
② 엔진 오일 팬
③ 변속기
④ 드라이브 샤프트

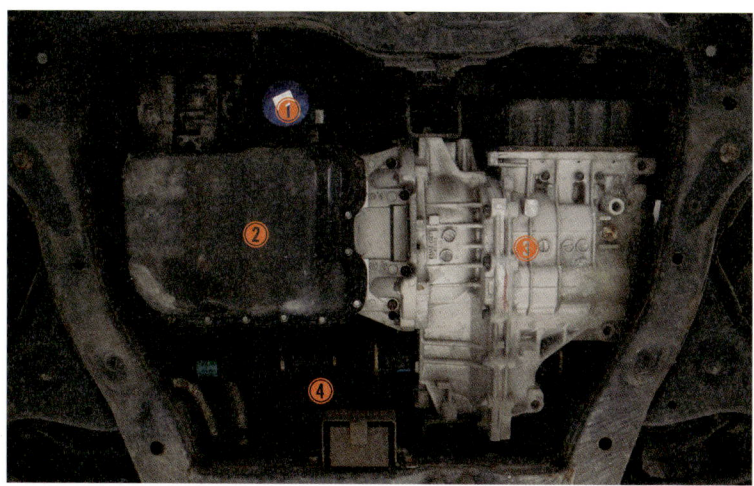

↑ 자동차 하부의 언더 커버 내부

엔진 오일을 교환하기 전 운전자가 꼭 알고 있어야 할 중요한 사항은 '내 차에 맞는 엔진 오일의 성능 등급이 무엇인가' 하는 것이다. 국내에는 차량의 종류가 워낙 많다 보니 자동차 정비소를 방문해 정비사에게 엔진 오일 교환을 맡겨도 적합하지 않은 엔진 오일을 주입하는 경우가 있다. 그러므로 차를 구입할 때 영업소에서 주는 '차량 운전자 안내서(오너스 매뉴얼)'나 차량 제조사 홈페이지를 통해 자신의 차에 적합한 엔진 오일을 미리 확인한 뒤 해당 엔진 오일로 교체하는 것이 자동차의 수명을 연장하는 방법이다.

종류	용량(l)			규격
연료 FUEL	70			무연 가솔린
엔진 오일 ENGINE OIL	2.0	4.3 (오일필터 오일 포함)		API SJ급 이상, SAE 10W-30 또는 SL(GF-3)급 이상 SAE 5W-20
	2.4			
변속기 TRANSMISSION	수동	1.9		HD 기어 오일 무교환용 API GL-4급, SAE 75W-85
	자동	7.8		다이아몬드 에티에프 에스피 쓰리 또는 에스케이 에이티에프 에스피 쓰리 (DIAMOND ATF SP-III or SK ATF SP-III)
부동액 ANTI-FREEZE	2.0	수동	6.2	에틸렌글리콜계 알루미늄 라디에이터용 부동액(ETHYLENE GLYCOL BASE COOLANT ALUMINUM RADIATOR)
		자동	6	
	2.4	자동	6.3	
브레이크 및 클러치 액 BRAKE & CLUTCH FLUID	소요량			브레이크 3종, 4종 : FMVSS NO. 116 (BRAKE FLUID DOT3, DOT4 : FMVSS NO. 116)
파워 스티어링 오일 POWER STEERING OIL	0.9			피에스에프 쓰리(PSF-3)

↑ 현대자동차 NF소나타 모델의 차량 관리 매뉴얼 중 추천 오일 제원표

TIP 일반적으로 엔진 오일 규격에서 숫자나 알파벳이 높을수록 최근에 개발된 제품이라고 생각하면 된다.

↑ 다양한 엔진 오일의 종류

최근 국내에서 출고되는 모든 승용 디젤 차량에는 환경 규제를 충족시키기 위한 배기가스 후처리 장치인 DPF(Diesel Particulate Filter)를 장착하고 있는데, 이 같은 차량에는 DPF 전용 엔진 오일 주입을 적극 권장하며, 자동차 정비소를 방문하면 꼭 정비사에게 이를 요청해야 한다. 만약 일부 DPF 차량에 부적합한 엔진 오일을 주입하면 배기가스 불순물이 DPF에 누적되고, 결국 DPF가 막혀 고가의 수리 또는 교체 비용을 지불하는 경우가 발생할 수 있다.

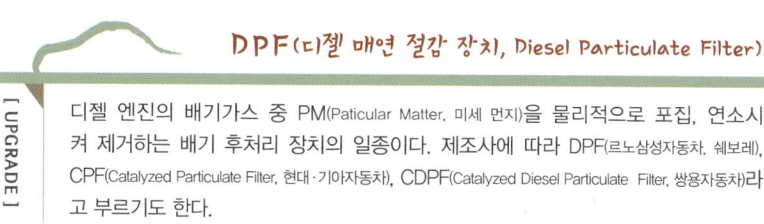

[UPGRADE]

DPF(디젤 매연 절감 장치, Diesel Particulate Filter)

디젤 엔진의 배기가스 중 PM(Paticular Matter, 미세 먼지)을 물리적으로 포집, 연소시켜 제거하는 배기 후처리 장치의 일종이다. 제조사에 따라 DPF(르노삼성자동차, 쉐보레), CPF(Catalyzed Particulate Filter, 현대·기아자동차), CDPF(Catalyzed Diesel Particulate Filter, 쌍용자동차)라고 부르기도 한다.

엔진 오일의 합리적인 교환 시기

엔진 오일은 주행 거리가 길어질수록 색이 점점 어둡게 변해 간다. 많은 운전자들이 엔진 오일의 적합한 교환 시점을 궁금해하는데, 광유인 경우 주행 거리 5,000~7,000km를 교환 주기로 생각하면 적당하다. 단, 같은 거리를 주행해도 엔진 오일의 종류, 운전 습관 등 각 차량의 상태에 따라 오염도가 다르니 직접 점검하여 스스로 교환 시기를 결정하는 것이 바람직하다.

양호	보통	불량
5,000km 미만 주행	5,000~7,000km 주행	7,000km 초과 주행
노랑 및 맑은 갈색	갈색	짙은 갈색

↑ 주행 거리에 따른 엔진 오일 색깔 변화

광유와 합성유

[UPGRADE]

자동차 운전자라면 엔진 오일 교환을 위해 정비소를 방문했을 때 광유로 교체할 것인지, 합성유로 교체할 것인지에 대한 질문을 받아 본 적이 있을 것이다. 광유는 가장 흔하게 사용하는 엔진 오일로 중질유에서 뽑아 내며 가격이 저렴하지만 다수의 오염물을 포함하고 있다. 반면 합성유는 실험실에서 윤활의 목적으로 개발한 오일이고, 정제 과정을 거치기 때문에 불순물이 포함되지 않은 합성 물질이다. 단, 가격이 광유에 비해 비싸다.

내 차의 엔진 오일 상태 점검하기

1 냉각수가 정상 온도인 80~90℃ 정도 될 때까지 엔진 워밍업을 실시한다.

> **TIP** 냉각수 온도 게이지의 바늘이 중간 정도 위치하면 정상 온도에 도달한 것으로 판단한다.

2 차를 평탄한 곳에 주차한 후 시동을 끄고 5분 정도 기다린다.

> **TIP** 엔진 오일을 점검할 때는 반드시 시동을 꺼야 한다. 또한 엔진 오일이 피부에 장시간 접촉될 경우 피부암을 유발할 수 있으니 꼭 작업용 장갑을 착용하여 피부를 보호하도록 하자.

3 보닛을 열고 엔진 오일 게이지를 찾는다.

TIP 엔진 오일 게이지는 엔진에 위치해 있으며 보통 노란색이므로 쉽게 찾을 수 있다.

4 엔진 오일 게이지의 고리에 손가락을 걸고 쭉 잡아당긴다.

TIP 처음 뽑을 때는 약간 힘을 주어야 한다.

5 처음 엔진 오일 게이지를 뽑은 상태에서는 오일의 양을 구분하기가 어렵다. 그러므로 처음 뽑아 낸 엔진 오일 게이지를 보풀이 없는 깨끗한 천으로 닦아 낸다.

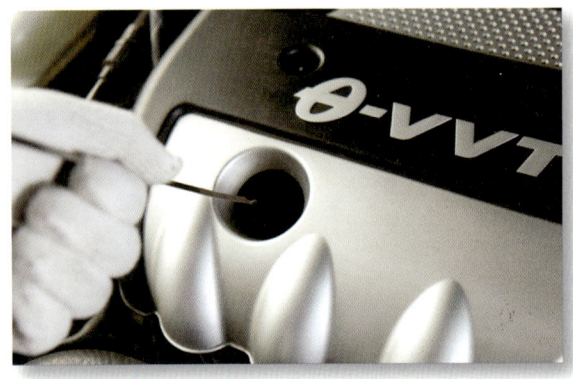

6 다시 엔진 오일 게이지를 끝까지 꽂아 넣는다.

7 처음과 같은 방법으로 엔진 오일 게이지를 뽑아 오일의 양을 체크하는데, 오일의 양이 F(Full)와 L(Low) 사이에 위치할 만큼 채워져 있는지, 오일의 색깔을 통해 오염도는 어떤지 확인한다.

TIP 엔진 오일의 양은 F 쪽으로 60~80% 정도 위치하는 것이 적합하며, 오일 게이지 F와 L 사이의 간격은 보통 엔진 오일 1리터 양만큼의 범위이다.

엔진 오일 교환 방법

각종 장비, 시설, 폐오일 처리 문제로 인해 운전자가 엔진 오일을 직접 교환한다는 것은 현실적으로 어려운 일이다. 다만 엔진 오일 교환 과정을 미리 알고 있으면 정비소를 방문했을 때 정비사와 원활하게 의견을 나눌 수 있으니, 이제부터 엔진 오일이 어떤 과정을 거쳐 교환되는지 자세히 살펴보자.

1 리프트를 이용해 자동차를 들어 올린다.

2 엔진 오일 팬의 드레인 플러그(볼트)를 시계 반대 방향으로 돌려 푼다.

TIP 엔진에서 빼낸 폐오일은 폐기물 처리법에 의거하여 처리해야 하므로 반드시 폐기물 처리가 가능한 곳에서만 엔진 오일을 교환해야 한다.

3 드레인 플러그를 빼내면 폐오일이 배출된다. 이때 폐오일이 뜨거울 수 있으니 화상을 입지 않도록 주의해야 한다.

4 폐오일이 완전히 배출될 때까지 잠시 기다린다.

5 드레인 플러그의 동와셔를 새것으로 교환한다.

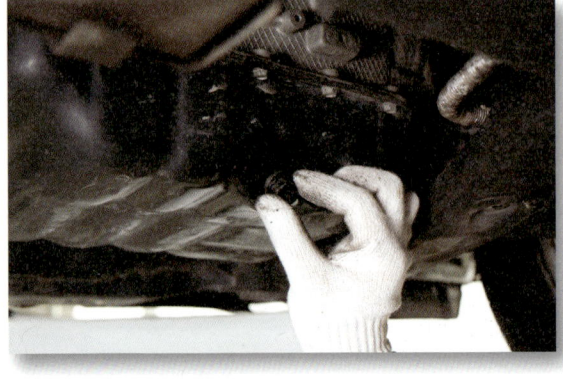

6 우선 손으로 드레인 플러그를 오일 팬에 돌려 끼운다.

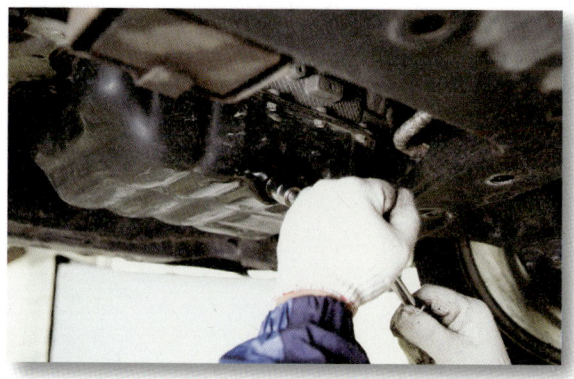

7 공구를 이용하여 드레인 플러그를 단단히 조인다.

8 리프트의 하강 버튼을 눌러 자동차를 지면 가까이까지 내린다. 그런 다음 엔진 룸 안의 오일 필러 캡을 손으로 돌려서 연다.

9 오일의 양을 체크하면서 엔진 오일을 조금씩 주입한다.

TIP 엔진 오일을 과다하게 주입한 경우 규정량에 맞춰 다시 배출시켜야 하므로 한 번에 규정량을 채워 넣으려 하지 말고, 조금씩 보충하는 방식으로 엔진 오일을 주입하는 것이 좋다.

10 다시 오일 필러 캡을 장착한다.

11 차량을 다시 한 번 들어 올려 작업한 부분에서 오일의 누유가 발생하지 않는지 확인한다.

> **주의** 엔진 오일 교환은 능숙한 정비사가 아니면 위험한 작업이므로 절대 아무 데서나 따라 하지 않도록 주의하자.

엔진 오일 필터 교환 방법

엔진 오일을 교환할 때는 보통 오일 필터와 에어 클리너를 함께 교체한다. 이 중 오일 필터는 오염된 엔진 오일의 불순물을 정화해 주는 장치로, 깡통처럼 생긴 스핀 온 타입과 껍데기가 없는 에코 타입으로 나뉜다. 과거 국내 승용차에는 대부분 스핀 온 타입의 오일 필터를 사용했으나 최근 출시되는 차량의 경우 에코 타입의 오일 필터를 사용한다. 유럽의 자동차들과 쌍용차에서도 주로 에코 타입의 오일 필터를 사용하는데, 국내 수입 차 중 대부분을 차지하는 벤츠, BMW, 폭스바겐의 오일 필터가 거의 에코 타입이다. 에코 타입 오일 필터는 환경을 생각하여 외형 없이 내용물만 교체할 수 있도록 디자인된 것으로 구조가 간단하고 가격이 저렴하지만 케이스를 자동차 제조사의 부품으로 만들어야

↓ 스핀 온 타입 오일 필터

↑ 에코 타입 오일 필터

하기 때문에 차량 가격이 상승하는 단점이 있다. 그래도 환경적인 측면에서 장점이 뚜렷하니 사용량은 지속적으로 늘어날 전망이다. 엔진 오일을 교환할 때는 오일 필터도 함께 바꿔야 하므로 자신의 차가 어떤 오일 필터를 사용하는지 미리 확인해 두자.

1 엔진 오일 필터 전용 공구를 사용하여 오일 필터를 제거한다.

2 오일 필터를 제거하면 남아 있는 엔진 오일이 흐르는데, 모두 배출될 때까지 잠시 기다린다.

3 새로 장착할 엔진 오일 필터의 'O'링에 깨끗한 엔진 오일을 얇게 도포한다.

4 엔진 블록의 오일 필터 장착 면을 보풀이 없는 깨끗한 천으로 닦아 낸다.

5 엔진 오일 필터 전용 공구를 사용하여 신품 오일 필터를 완벽하게 장착한다.

> **주의** 엔진 오일 필터 교환 역시 능숙한 정비사가 아니면 위험한 작업이므로 절대 아무 데서나 따라 하지 않도록 주의한다.

에어 클리너 교환 방법

에어 클리너는 엔진으로 유입되는 공기를 정화하여 엔진 폭발의 효율을 높이는 역할을 한다. 만약 에어 클리너에 문제가 발생하여 엔진으로 작은 모래라도 유입되면 치명적인 사고를 일으킬 수 있다. 에어 클리너는 형태에 따라 사각형과 원통형으로 나누는데, 대부분의 승용차에는 사각형을 사용하고, 화물차 등에는 원통형을 사용한다. 또 여과 물질의 종류에 따라 나무가 주성분인 여과지 타입과 화학 섬유가 주성분인 부직포 타입이 있다.

↑ 원통형 에어 클리너(철)

↑ 원통형 에어 클리너(플라스틱)

↑ 여과지 타입 에어 클리너

↑ 부직포 타입 에어 클리너

1 에어 클리너는 엔진 오일을 교환할 때 오염도를 확인한 후 함께 교체하면 된다. 보닛을 열고 에어 클리너 케이스 커버의 위치를 확인한다.

2 에어 클리너 케이스 커버의 고정 클립을 모두 빼낸다.

> **TIP** 에어 클리너 케이스 커버의 고정 클립은 보통 4개 정도 있다.

3 커버를 살짝 들어 에어 클리너를 제거한다.

4 오래된 에어 클리너의 경우 무척 지저분하게 오염된 것을 확인할 수 있다.

5 교환할 새 제품이 기존의 에어 클리너와 크기, 모양이 동일한지 확인한 후 정확하게 장착한다.

6 다시 에어 클리너 케이스 커버의 고정 클립을 모두 잠근다.

누구도 말해 주지 않는 엔진 오일에 관한 불편한 진실

엔진 오일을 교환할 때 유심히 살펴보면 오일이 유독 검게 변한 것을 볼 경우가 있는데, 이는 폴리머라는 성분 때문이다. 하지만 엔진 오일 중에는 가격이 저렴하면서 윤활 점도가 높은 폴리머 성분을 구성 물질로 사용하는 제품이 적지 않다. 폴리머는 열에 아주 취약한 물질이기 때문에 엔진 열에 의해 윤활성 저하가 빠르게 이루어지면서 엔진에 들러붙는다. 만약 엔진 오일에 세정성 높은 물질이 함유되었다면 폴리머가 엔진에 들러붙는 것을 막아 주지만, 그렇지 못한 경우 폴리머는 엔진의 오일 라인 또는 부품과 엔진 벽에 흡착돼 고착화 현상을 일으킨다. 그러면 엔진 오일을 새것으로 교환해도 엔진에 그대로 남게 된다. 폴리머의 경우 끈끈한 점도가 좋아 처음 주입했을 때는 운전자가 쉽게 느낄 만큼 엔진이 조용하지만, 불과 1,500~2,000km 정도만 주행을 해도 윤활성이 저하되어 엔진 소음을 크게 만든다. 또 윤활성이 저하되면 부품 간의 마찰이 높아져 마모가 진행될 뿐만 아니라 출력도 저하된다. 엔진 내에 필요 이상의 고착된 폴리머 찌꺼기가 발생하면 엔진에 문제를 일으킬 수 있고, 특히 오일 라인에 고착된 찌꺼기는 엔진 오일의 정상적인 흐름을 방해하므로 가능한 한 제거해 주는 것이 바람직하다.

↑ 엔진 헤드 내부를 청소하기 전(찌꺼기가 고착된 엔진)

↑ 엔진 헤드 내부를 청소한 후(플러싱 후의 엔진)
[출처 : www.e-pr.kr]

Professional Page

엔진의 찌꺼기를 제거하기 위해서는 세정력이 뛰어난 엔진 오일을 선택하는 것이 중요하고, 주기적으로 엔진 플러싱을 실시해야 한다. 엔진 플러싱을 위한 제품은 다양하게 출시되어 있으며, 엔진 오일 2회 교체마다 1회의 플러싱을 하면 항상 깨끗한 엔진 컨디션을 확보할 수 있다.

엔진 플러싱 방법

엔진 플러싱 방법은 제품마다 다소 차이가 있으니 각 제품의 사용 방법을 참고하도록 한다.

Step 1 엔진 오일을 교환할 때처럼 엔진 오일 드레인 플러그를 제거한 뒤 엔진 오일을 배출시킨다.

TIP 엔진 오일이 완전히 배출될 때까지 잠시 기다린다.

Step 2 엔진 오일이 모두 배출되면 드레인 플러그를 다시 장착한 다음 엔진 룸의 엔진 오일 필러 캡을 연다.

주의 엔진 오일을 교환할 때와 달리 드레인 플러그의 동와셔를 새것으로 교체할 필요는 없다.

Step 3 엔진 오일 주입구를 통해 플러싱 오일을 권장량만큼 주입한다.

> **TIP** 엔진 오일이나 플러싱 제품을 넣을 때 빈 페트병 위쪽을 잘라 깔때기처럼 사용하면 편하게 주입할 수 있다.

Step 4 플러싱 오일 주입이 끝나면 엔진 오일 필러 캡을 닫는다.

Step 5 엔진의 시동을 걸고 약 10분간 공회전을 시킨다.

Professional Page

Step 6 시동을 끄고 다시 차량 하부의 드레인 플러그를 제거하여 플러싱 오일을 완전히 배출한다.

Step 7 엔진 플러싱을 한 이후에는 엔진 오일 필터도 함께 제거하여 교체하도록 한다.

Step 8 이제 엔진 오일 교환 방법에서 엔진 오일 배출 과정 이후의 순서에 따라 조립 및 엔진 오일 주입 작업을 실시하면 된다.

주의) 엔진 오일 플러싱은 능숙한 정비사가 아니면 위험한 작업이므로 절대 아무 데서나 따라 하지 않도록 주의한다.

Owner Driver 06.

오토매틱 트랜스미션 오일(automatic transmission oil)

오토매틱 트랜스미션 오일이란?

오토매틱 트랜스미션(automatic transmission; 자동 변속기)은 흔히 기어, 오토 미션이라고도 부른다. 오토매틱 트랜스미션은 엔진의 출력을 자동차의 주행 속도에 맞춰 바퀴에 전달하는 역할을 하는데, 쉽게 말하면 차량의 힘과 속도를 제어하는 장치라고 할 수 있다.

　오토매틱 트랜스미션의 내부를 순환하며 중요한 기능을 하는 것이 오토매틱 트랜스미션 오일이다. 앞서 배운 엔진 오일은 윤활 작용을 하지만, 오토매틱 트랜스미션 오일은 작동유

↑ 자동 변속기

↑ 차량 하부 앞쪽의 언더 커버를 벗기면 오토매틱 트랜스미션이 위치해 있다.

역할을 한다는 차이가 있다. 오토매틱 트랜스미션 오일의 경우 아주 민감하게 작용하여 자칫 차량의 속도 제어에 오류를 발생시킬 수 있기 때문에 엔진 오일을 선택하는 것보다 훨씬 더 까다롭다. 그러나 오토 미션 오일은 성능에 대해 통일된 규격이 없고, 각 자동차 회사(정확히 말하면 오토 미션 제작사별)마다 각각의 고유한 오일 규격을 가지고 있어 운전자 입장에서는 본인 차량에 맞는 제품을 골라 쓰는 것이 쉽지 않다. 차량에 적합하지 않은 미션 오일을 주입했을 경우 기어 변속에 문제가 발생할 수 있으므로 자신이 보유한 자동차의 제작사에서 지정한 오토 미션 오일을 주입하는 것이 가장 경제적이고 효율적인 차량 관리 요령이다.

[UPGRADE]

자동차 제조사별 오토매틱 트랜스미션 오일 규격

* 현대 : SP Ⅱ, SP Ⅲ, SP Ⅳ, SP Ⅳ RR, JWS 3309, SHELL M1375.4 등
* 기아 : ATF RED-1, DEXRON Ⅱ, JWS 3314, SP Ⅱ, SP Ⅲ, SP Ⅳ 등
* 쌍용 : DEXRON Ⅱ, DEXRON Ⅲ, ATF 3292, FUCHS ATF 3353 등
* 르노삼성 : NS-2, SATF-D, SATF-K, SATF-J 등
* GM쉐보레 : BOT303 Mod, BOT402, JWS3317, DEXRON Ⅵ 등
* Ford : Mercon, Mercon Ⅴ, Mercon SP 등
* Chrysler : MS-7176, MS-9602 등
* Toyota : ATF T-4, ATF WS 등
* Nissan : Matic D, Matic J, Matic S 등
* Mitsubishi : SP Ⅱ, SP Ⅲ 등

오토매틱 트랜스미션 오일의 합리적인 교환 시기

오토 미션 오일의 교환 주기는 보통 주행 거리 30,000~40,000km이며, 오염도를 점검한 후 교

체 여부를 결정하는데, 전문 장비를 이용하여 승용차 기준으로 보통 12리터 정도를 교환하게 된다. 최근 출시되는 차들 중에는 오토 미션 오일을 교환하지 않는 모델도 있으나, 제조사에서는 무교환 미션 오일도 가혹한 조건에서 운행할 경우라면 주기적으로 교환할 것을 권장하고 있다.

↑ 오토매틱 트랜스미션 오일 교환기

TIP 모든 부품의 교환 주기는 차량 상태와 운행 조건에 따라 다르지만 책에서는 평균적인 데이터를 기준으로 표시한다.

차량 주행에 따른 오토매틱 트랜스미션 오일의 색깔 변화는 다음과 같다.

양호	보통	불량
30,000km 미만 주행	30,000~40,000km 주행	40,000km 초과 주행
맑은 적홍색	적홍색/소량의 쇳가루	갈색/다량의 쇳가루

오토매틱 트랜스미션 오일 점검하기

1 우선 시동을 걸어 엔진을 워밍업시킨 후 차를 평탄한 곳에 주차한 다음 시동이 켜져 있는 상태에서 오토매틱 트랜스미션 오일을 점검한다.

> **주의** 자동차의 시동이 켜져 있는 상태에서 엔진 룸에 가까이 갈 때는 넥타이, 스카프, 옷, 손가락 등이 구동 벨트에 끼이지 않도록 각별히 주의한다.

2 오토매틱 트랜스미션 오일을 점검하기 전 브레이크 페달을 밟은 상태에서 변속 레버를 'P'에서 'D'까지, 다시 'D'에서 'P'까지 차례대로 변환시킨다.

TIP 변속 레버의 마지막 위치는 'P' 레인지에 놓는다.

3 미션 오일을 점검하는 과정은 엔진 오일 점검 과정과 똑같기 때문에 앞서 엔진 오일 점검을 잘 따라 했다면 쉽게 할 수 있을 것이다. 보닛을 열고 미션 오일 게이지를 찾는다.

TIP 미션 오일 게이지는 보통 빨간색으로 되어 있지만, 처음 보는 사람은 찾기가 쉽지 않을 수도 있으니 유심히 살펴보도록 한다.

4 미션 오일 게이지의 고리에 손가락을 걸고 쭉 잡아당긴다.

TIP 미션 오일 게이지를 처음 뽑을 때는 약간 힘을 주고 당겨야 한다.

5 처음 미션 오일 게이지를 뽑은 상태에서는 오일의 양을 구분하기 어렵다. 그러므로 뽑아낸 오일 게이지는 보풀이 없는 깨끗한 헝겊으로 닦아 낸다.

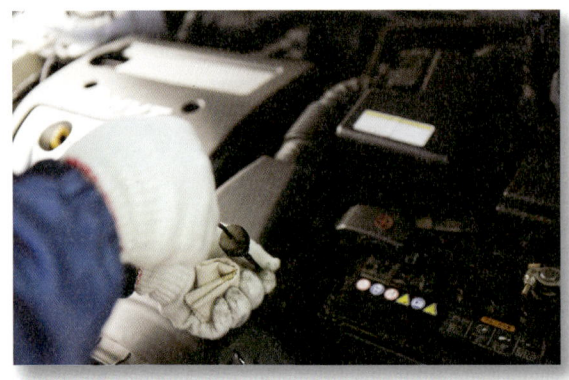

6 다시 미션 오일 게이지를 끝까지 꽂아 넣는다.

7 처음과 같은 방법으로 미션 오일 게이지를 뽑아 오일의 양을 체크하는데, 오일의 양이 F(Full)와 L(Low) 사이에 위치해 있는지, 오일의 색깔을 통해 오염도는 어떤지 확인한다.

> **TIP** 미션 오일 게이지에 표시된 오일의 양이 부족한 경우에는 오일을 추가 주입한 후 오일 양이 정상 범위에 도달했는지 다시 확인해야 한다.

미션 오일 게이지의 표시

미션 오일 게이지는 차량이 뜨거울 때와 식었을 때 점검할 수 있도록 두 가지로 구분되어 있으며 각각 'HOT'과 'COLD'로 표시되어 있다.

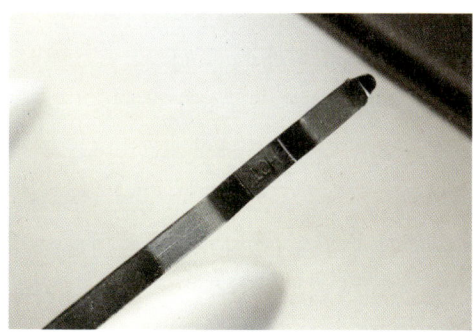

↑ 뜨거울 때(HOT)

↑ 식었을 때(COLD)

오토매틱 트랜스미션의 고장과 해결 방법

오토매틱 트랜스미션은 첨단 기술이 적용되는 부품이며 소재로 동(銅)과 고무류를 많이 사용한다. 하지만 이들은 열에 취약한 특성이 있어 변형, 마모, 탄력성 저하 등의 문제를 일으키기도 한다. 오토매틱 트랜스미션의 대표적인 트러블로는 미션 오일(ATF)에서 발생한 찌꺼기가 미션의 작동을 방해하는 문제, 오일의 양이 부족하거나 많을 경우 발생하는 문제, 오일의 교환 시기가 지나 발생하는 문제, 기타 기계적인 문제를 들 수 있다.

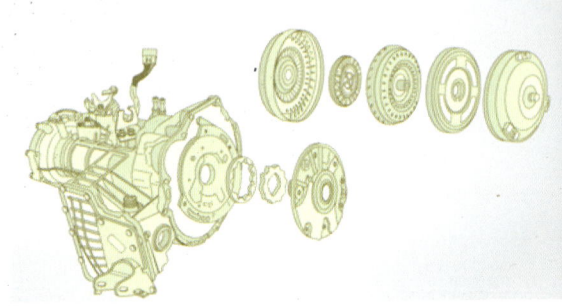

↑ 자동 변속기의 부품 구성도 [출처 : www.e-pr.kr]

오토매틱 트랜스미션에 문제가 생기면 출발·정지할 때 변속 충격이 발생하는 현상, 가속 페달을 밟아도 차량의 속도가 증가하지 않고 엔진 회전수만 올라가는 슬립 현상, 변속이 부드럽지 못한 현상, 주행 중 변속이 되지 않는 현상 등을 겪게 된다. 자동차 운전 중 이러한 현상들이 발생하면 운전자가 불편함을 느낄 뿐만 아니라 정상적인 주행을 방해하여 자칫 사고로 이어질 수 있다. 또 이런 현상들을 오랫동안 방치할 경우 오토매틱 트랜스미션의 컨디션에도 부정적인 영향을 미친다.

오토매틱 트랜스미션에 문제가 생겼을 경우 찌꺼기에 대한 세정성이 뛰어난 미션 오일로 교환하거나 미션 오일의 성능을 향상시키는 첨가제를 주입하여 해소시킬 수 있다. 첨가제는 미션 내의 찌꺼기를 녹여 미션 오일을 교환할 때 배출시키고, 미션 오일의 등급을 향상시켜 내열성을 좋게 하기도 한다. 단, 오토매틱 트랜스미션 고장의 원인이 기계적인 문제라면 미션 오일 교환이나 첨가제 주입만으로는 해결할 수 없다.

Professional Page

오토매틱 트랜스미션 첨가제 주입하기

Step 1 미션 오일 게이지의 고리에 손가락을 걸어 쭉 잡아 뽑는다.

↑ 오토매틱 트랜스미션 첨가제 주입하기

Step 2 오일 게이지 파이프에 첨가제를 주입한다.

TIP 자동차에 주입하는 모든 제품은 각 제품별 설명서를 참조하여 적정량을 넣도록 한다.

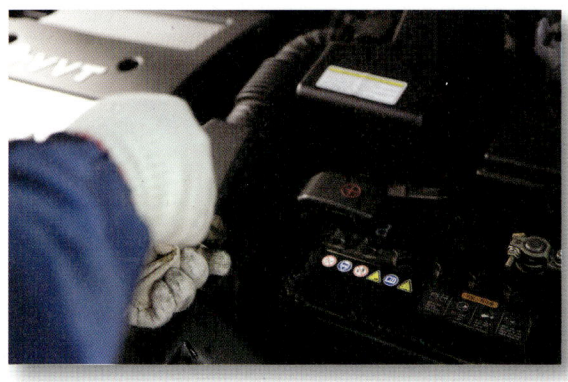

Step 3 첨가제 주입이 완료되면 다시 미션 오일 게이지를 오일 게이지 파이프에 장착한다.

Owner Driver 07.

파워 스티어링 오일(power steering oil)

파워 스티어링 오일의 역할과 정비 포인트

국내에 자동차가 보급된 초창기에는 파워 핸들 기능이 없었기에 오직 팔 힘으로만 바퀴의 방향을 바꾸어야 했다. 그래서 여성들은 운전을 하는 것이 쉽지 않은 시절이 있었다. 하지만 차가 운전자의 편의에 맞춰 지속적으로 발전하면서 파워 스티어링 장치가 개발되자 우리는 좀 더 편하게 차의 방향을 바꾸고, 주차를 할 수 있게 되었다.

↑ 파워 스티어링 핸들

↑ 앞바퀴 파워 스티어링 기어 어셈블리(좌, 우)

← 파워 스티어링 오일 리저브 탱크

　파워 스티어링 오일은 자동차의 파워 핸들 장치 내에 들어가는 오일을 말하는 것으로, 파워 스티어링 오일 리저브 탱크는 엔진 룸에 위치해 있으며 뚜껑에 'Power Steering Fluid'라고 적혀 있다. 엔진의 크랭크축과 고무벨트로 연결된 오일펌프 가까이 붙어 있는 원통형 플라스틱 탱크가 바로 파워 스티어링 오일 리저브 탱크이다.

　그러나 최근 출시되는 일부 차량에는 유압이 아닌 전기로 작동하는 전동식 파워 스티어링(MDPS, Motor Driven Power Steering System)이 장착되어 파워 스티어링 오일 자체가 필요 없는 경우도 있다. 그러므로 우선 내 차의 파워 스티어링이 유압식인지 전동식인지부터 파악할 필요가 있는데, 보닛을 열고 엔진 룸을 살펴봤을 때 파워 스티어링 오일 리저브 탱크가 있으면 유압식, 없으면 전동식으로 판단할 수 있다.

　유압식 파워 스티어링 차량 운전자라면 월 1회 정도는 파워 스티어링 오일의 양을 확인하여 부족한 경우 보충해 주는 것이 좋다. 주기적으로 리저브 탱크를 확인했을 때 오일의 양이 점점 줄어든다면 오일의 순환 경로 중 어딘가에서 오일이 새고 있다는 뜻이므로 정비소를 찾아 정확한 점검을 받아 봐야 한다.

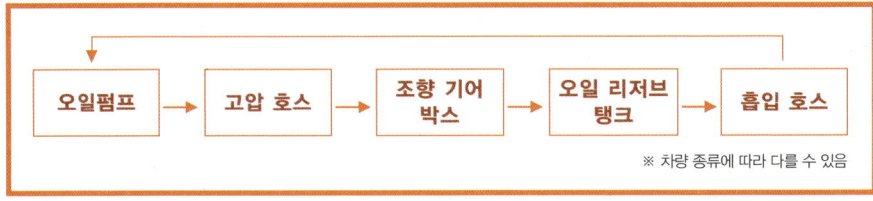

↑ 파워 스티어링 오일의 순환 경로

파워 스티어링 오일이 흐르는 경로 중에는 오일펌프와 파워 스티어링 기어(조향 기어 박스)가 있다. 오일펌프는 구동 벨트를 통해 엔진의 크랭크축과 연결되어 동력을 전달하며, 파워 스티어링 오일이 파워 스티어링 기어를 순환할 수 있도록 해 준다. 차량의 연식이 오래되면 핸들이 무겁고 뻑뻑해지는 현상이 발생할 수 있는데, 이는 대체로 오일펌프가 제대로 역할을 하지 못하기 때문이다. 또 파워 스티어링 오일 리저브 탱크 안 두 개의 필터 중 아래쪽 필터가 막히는 경우도 흔하며, 이럴 때는 파워 스티어링 오일 리저브 탱크를 세척하거나 심하게 막혔다면 탱크를 교환하는 방법으로 해결할 수 있다.

↑ 파워 스티어링 오일펌프

TIP 왼쪽 동그랗게 생긴 검은색 풀리에 고무로 된 구동 벨트가 연결된다.

파워 스티어링 기어는 운전자가 핸들을 조작하면 유압을 통하여 더 큰 힘으로 전환시키는 역할을 하는데, 최근에는 재제조 상품이 많이 유통되고 있다.

↑ 파워 스티어링 기어

[UPGRADE]

재제조(remanufacturing) 상품

재제조는 한 번 사용한 상품을 다시 제조 과정(분해, 세척, 검사, 수리 및 조정, 조립)을 거쳐 신제품과 동등한 성능으로 재상품화하는 것을 말한다. 이는 재활용(recycling), 재이용(reuse)과는 다른 개념인데, 재활용은 재료를 다시 사용하는 것이고, 재이용은 '제조 조립 과정' 없이 주요 부품만 교체하여 다시 사용하는 것이기에 재제조와는 차이가 있다. 국내에서 많이 유통되고 있는 자동차의 재제조 상품으로는 파워 스티어링 기어 이외에도 교류 발전기, 시동 전동기, 에어컨 컴프레서, 등속 조인트, 클러치 디스크, 브레이크 캘리퍼, 인젝터, 변속기, 터보차저, 쇼크 업소버 등이 있다.

파워 스티어링 오일의 합리적인 교환 시기

파워 스티어링 오일의 교환 주기는 보통 주행 거리 40,000~50,000km이며 오염도를 점검하여 교환 시기를 결정하면 된다.

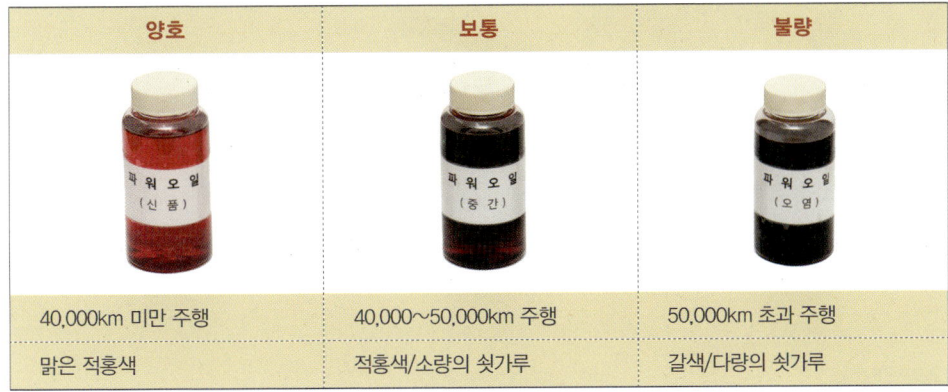

양호	보통	불량
40,000km 미만 주행	40,000~50,000km 주행	50,000km 초과 주행
맑은 적홍색	적홍색/소량의 쇳가루	갈색/다량의 쇳가루

↑ 주행 거리에 따른 파워 스티어링 오일의 색깔 변화

또 엔진 오일처럼 그 종류가 다양하지는 않지만, 현장에서 사용되는 오일의 종류로 다음과 같은 것들이 있다.

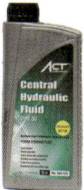

↑ 파워 스티어링 오일

파워 스티어링 오일 점검하기

1 차량을 평탄하고 안전한 곳에 주차한 후 시동을 끄고 엔진 룸을 연다.

2 파워 스티어링 오일 리저브 탱크의 위치를 확인한다.

3 파워 스티어링 오일의 양이 MAX와 MIN 사이에 있는지 점검한다.

4 오일의 양이 부족할 경우 오일 리저브 탱크의 캡을 열어 파워 스티어링 오일을 보충한다.

5 파워 스티어링 장치의 각 호스 연결 부위에서 오일의 누유 흔적이나 손상 등이 있는지 점검한다.

TIP 파워 스티어링 오일이 부족하면 핸들을 좌우로 돌릴 때 차에서 '뿌~우~웅' 하는 소리가 발생하고 핸들이 무거워져 핸들 조작이 어려워진다.

[UPGRADE]

파워 스티어링 오일의 점검 기준

파워 스티어링 오일의 양은 차가운 상태(COLD)와 뜨거운 상태(HOT)로 각각 구분하여 점검할 수 있다. 방금 운행을 마쳤을 경우에는 'HOT'이라고 표시된 선을 기준으로 삼고, 운행 종료 후 일정 시간이 경과된 상태라면 'COLD'라고 표시된 선을 기준으로 오일 양을 점검하면 된다.

Owner Driver 08.

브레이크 오일(brake oil)

브레이크 오일의 역할과 브레이크 작동 과정

자동차의 안전장치 중에서 안전벨트와 함께 가장 중요한 것이 브레이크다. 브레이크의 성능이 안전과 직결된다는 건 누구나 잘 알고 있는 부분이지만, 일반적으로 브레이크 오일에 대해서는 관심도가 떨어지는 것이 사실이다. 브레이크 오일은 에틸렌글리콜과 피마자유를 혼합하여 만들어진 것으로 운전자가 브레이크 페달을 밟으면 브레이크 오일 라인에 압력이 형성되고, 이 유압을 이용하여 브레이크가 작동한다. 즉, 주행 중에 운전자가 제동을 하면 브레이크 오일 라인에 형성된 압력으로 브레이크 패드가 디스크와 강하게 마찰을 일으켜 차량의 속도를 줄이게 되는데, 브레이크 패드가 디스크와 마찰하며 고온의 열이 발생하지만 주행을 하는 동안 공기에 의해 자연적으로 냉각되기 때문에 큰 문제가 발생하지 않는다.

브레이크 오일은 수분을 흡수하는 성질이 강해서 시간이 지남에 따라 수분 함유량이 높아진다. 이렇게 되면 브레이크 패드와 디스크에 고온의 마찰열이 발생할 때 오일에 포함된 수분이 끓게 되고, 브레이크 오일 라인에 수증기 기포가 만들어진다. 이럴 경우 운전자가 브레

↑ 브레이크 오일 리저브 탱크(엔진 룸 내부)

이크 페달을 밟아도 충분한 제동이 이루어지지 않기 때문에 브레이크 오일을 적절한 시점에 교체하는 것은 무척 중요하다.

브레이크 오일이 저장되는 브레이크 오일 리저버 탱크는 차의 전면 유리 바로 아래쪽 엔진 룸에 위치해 있다.

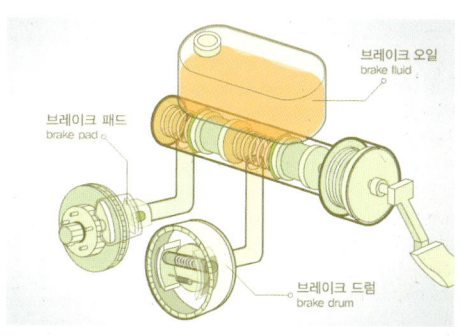

↑ 브레이크의 구조 [출처 : www.e-pr.kr]

자동차의 브레이크 페달을 밟는 순간 그 힘이 전달되는 경로를 따라가 보면 다음과 같다.

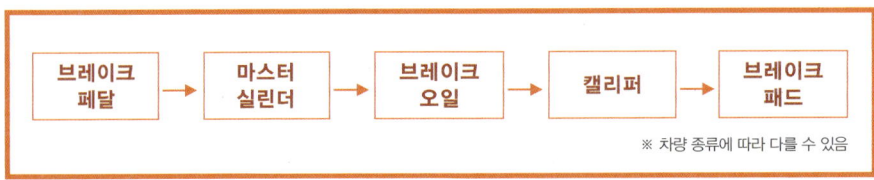

↑ 브레이크 오일의 이동 경로

그러면 실제로 브레이크를 밟았을 때 자동차 내부에서 어떤 과정을 거쳐 차가 정지하는지 살펴보자.

Step 1 주행 중인 차량을 제동하기 위해 운전자가 브레이크 페달을 밟으면 브레이크 페달에 전달된 힘이 브레이크 부스터를 통하여 브레이크 마스터 실린더로 이동한다.

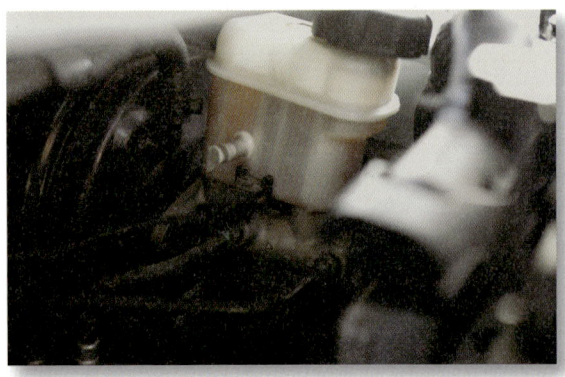

Step 2 브레이크 마스터 실린더에서 발생한 유압이 차량의 네 바퀴에 모두 전달된다.

TIP 브레이크 마스터 실린더는 일반적으로 브레이크 오일 탱크의 하단에 붙어 있다.

Step 3 차의 네 바퀴로 전달된 유압이 각 바퀴의 휠 실린더를 통하여 브레이크 패드를 눌러 준다.

Step 4 브레이크 패드가 디스크와 마찰하며 자동차를 정지시킨다.

　승용차를 기준으로 했을 때 공차 중량(사람, 짐을 싣지 않은 상태에서 기본적인 연료와 오일, 냉각수 등을 갖추고 측정한 차의 무게)은 1.5톤 정도 된다. 이렇게 무거운 쇳덩이를 주행 중에 정지시킬 때 브레이크 패드에는 엄청난 마찰열이 발생한다. 고온의 마찰열이 자주 발생할수록 브레이크 오일에 기포가 생기는데, 이로 인하여 브레이크가 제 기능을 못하게 되는 현상을 베이퍼 록(vapor lock)이라고 한다. 정비 현장에서는 브레이크 오일의 교환 여부를 '브레이크 수분 테스터'로 판단하며, 수분 함량이 3~4% 정도일 때 교환을 권한다. 물론 경험이 많은 정비사들은 브레이크 오일의 색, 냄새, 주행 거리로 교환 여부를 판단하는 경우도 있다.

브레이크 오일 수분 테스터

[UPGRADE]

브레이크 수분 테스터는 시중에서 약 3만 원이면 구매할 수 있으나 개인이 가지고 다녀야 할 정도로 자주 사용하는 기기가 아니기 때문에 자동차 정비소를 방문할 때 한 번씩 체크하는 걸로도 충분하다.

현장에서 사용되는 브레이크 오일의 종류로는 다음과 같은 것들이 있다.

다양한 브레이크 오일 ➜

브레이크 오일의 합리적인 교환 시기

브레이크 오일의 교환 주기는 보통 주행 거리 30,000~40,000km이며, 오염도를 점검하여 교환 시기를 결정하면 된다.

양호	보통	불량
브레이크오일 (신품)	브레이크오일 (중간)	브레이크오일 (오염)
30,000km 미만 주행	30,000~40,000km 주행	40,000km 초과 주행
수분 함량 1% 이내	수분 함량 1~2%	수분 함량 3%

 주행 거리에 따른 브레이크 오일의 색깔 변화

브레이크 오일의 성능 등급

[UPGRADE]

* DOT는 미국 교통부(Department Of Transportation)의 약자로 브레이크 오일의 성능 규정을 한 데서 유래된다.
* 등급은 DOT3, DOT4, DOT5로 나누어지며 최근에는 DOT5.1도 나오고 있다.
* DOT3, DOT4는 글리콜(glycolether)을 기반으로 만들어지고, DOT5는 실리콘을 기반으로 만들어진다.
* DOT3가 널리 사용되며, DOT3의 성능을 향상시킨 것이 DOT4인데 서로 호환이 가능하다.
* DOT5는 DOT3, DOT4와 호환하여 사용할 수 없다.

주행 중 갑자기 브레이크가 밀리면서 미끄러지는 경우

브레이크가 밀리는 것은 크게 두 가지 원인이 있는데, 가장 흔한 이유는 브레이크 패드의 면이 닳아서 제 기능을 발휘하지 못하는 경우이다. 또 브레이크 계통의 균열로 인해 브레이크 오일이 누유되어 페달을 밟아도 그 힘이 브레이크 패드까지 도달하지 않아 발생하는 경우도 있다. 이처럼 주행 중 브레이크가 밀리면서 제동이 안 될 때는 당황하지 말고 우선 엔진 브레이크를 사용하여 서서히 속도를 줄인다. 그런 다음 속도가 충분히 줄어들면 핸드 브레이크를 천천히 작동시켜 차량을 완전히 정지시켜야 한다.

차량을 안전한 곳으로 이동한 후 점검해 봤더니 브레이크 오일이 누유되어 발생한 경우라면 무리하게 운행을 하지 말고, 자동차 제조사의 긴급 서비스나 자신이 가입되어 있는 보험사의 긴급 출동 서비스를 이용하여 안전하게 인근 자동차 정비소로 이동하도록 한다.

브레이크 오일 점검하기

1 보닛을 열고 브레이크 오일 탱크의 위치를 확인한다.

> **TIP** 브레이크 오일 탱크는 보통 핸들과 가까운 곳에 위치해 있다.

2 브레이크 오일 탱크의 마개를 반시계 방향으로 돌려서 연다.

3 리저버 탱크 마개 안쪽에 그물망이 있는 것을 볼 수 있는데, 이것은 이물질이 탱크 안으로 들어가는 것을 방지해 준다. 탱크 내부의 빨간색 망에 이물질이 끼어 있는지 확인한다.

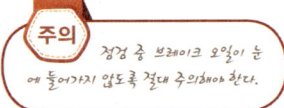

주의 점검 중 브레이크 오일이 눈에 들어가지 않도록 절대 주의해야 한다.

4 오일의 양이 Max와 Min 사이에 위치하고 있는지 확인한다.

TIP 브레이크 오일은 새지만 않으면 소모되는 경우가 거의 없기 때문에 양이 Min 이하일 경우 브레이크 패드를 교환할 때가 됐다는 것을 의미한다. 반대로 브레이크 패드를 점검했는데 아직 충분히 남아 있다면 오일이 새는 것을 의심해 봐야 한다.

브레이크 오일 보충하기

1 브레이크 리저버 탱크 마개 주변을 깨끗하게 닦고, 마개를 시계 반대 방향으로 돌려서 연다.

2 자신의 차에 알맞은 제품으로 오일을 보충한다. 그런 다음 마개를 시계 방향으로 돌려서 꽉 닫는다.

> **TIP** 깔때기 같은 것을 이용하면 좀 더 편리하게 주입할 수 있다.

[UPGRADE] 브레이크 오일 보충 시 안전 수칙

① 브레이크 오일은 자동차의 도장 면을 손상시키므로 자동차에 브레이크 오일이 묻었을 경우 즉시 물로 씻어 준다.
② 동일한 성능 등급의 규정된 브레이크 오일을 보충해야 한다.
③ 브레이크 오일은 공기와 오랜 시간 접촉하면 성능이 저하되므로 개봉 후 시간이 많이 지난 브레이크 오일일 경우 사용에 주의해야 한다.

엔진 브레이크가 필요한 이유

긴 내리막을 내려갈 때 브레이크를 계속 밟고 있지 말라는 말을 들어 본 적이 있을 것이다. 차를 타고 강원도 산간이나 고지대에서 내려가다 보면 오랜 시간 동안 지속적으로 브레이크를 쓰게 되는데, 긴 시간 계속 브레이크를 밟을 경우 브레이크 패드와 디스크에 상당한 마찰이 생겨 약 600~700℃의 높은 고열이 발생하고, 브레이크 오일에 열이 전달되면서 오일이 끓게 된다. 오일이 끓어 기포가 발생하면 제동력이 떨어져 브레이크 페달을 밟아도 작동이 불가능해지고, 결국 사고로 이어지는 것이다.

이를 방지하기 위해 사용하는 것이 바로 엔진 브레이크다. 엔진 브레이크는 별도의 브레이크가 있는 것이 아니라 차량의 주행 속도보다 기어 단수를 저단으로 낮춰 엔진에 저항을 주는 효과로 속도를 줄이는 제동 방법이다. 수동 변속기의 경우 조작이 쉽지 않아 엔진 브레이크의 사용을 선호하지 않지만 요즘 생산되고 있는 대부분의 자동차에는 자동 변속기가 장착되어 있어 그리 어렵지 않게 쓸 수 있는 방법이다. 자동 변속기 차량의 변속 레버를 유심히 살펴보면 D 레인지 옆으로 '+'와 '-' 표시가 있는 것을 알 수 있는데, 주행 중 마이너

Professional Page

스(-) 쪽으로 변속 레버를 위치시키면 현재 속도의 기어 단수보다 낮은 기어로 변환되어 RPM(1분당 회전수, Revolution Per Minute)이 올라가고, 동시에 엔진 브레이크가 작동하는 것을 느낄 수 있다(제조사에 따라 변속 레버를 D, 2, L 등으로 조작하는 방식도 있다). 엔진 브레이크는 비상시뿐만 아니라 긴 내리막길처럼 브레이크를 자주 사용해야 하는 구간에서도 효과적으로 활용할 수 있으며, 빈번한 제동으로 인해 발생하는 브레이크 계통의 과열을 방지해 준다.

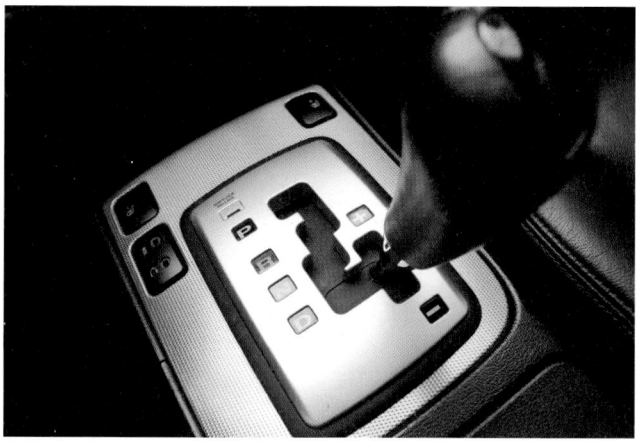

↑ 자동 변속기 조작 레버

Owner Driver 09.

냉각수와 부동액(coolant)

냉각수(부동액)의 역할과 정비 포인트

학창 시절에 계절마다 다르게 부르는 금강산의 이름을 외웠던 기억이 있다. 자동차에도 여름과 겨울에 다른 이름으로 부르는 부품이 있는데, 바로 냉각수와 부동액이다. 냉각수와 부동액은 같은 부품이지만 여름철에 엔진에서 발생하는 뜨거운 열을 식힐 때는 냉각수, 겨울철에 어는 것을 방지할 때는 부동액이라고 부른다.

무더운 여름날 갑자기 자동차의 출력이 떨어지고, 울컥울컥 하거나, 계기판 온도가 Hot 위치로 올라가며 냉각수가 끓어 넘치는 등 '오버 히트(over heat)' 현상이 발생한다면 냉각 계통에 문제가 생겼을 가능성이 높다. 만약 냉각수가 부족하여 보충해야 하는 경우라면 엔진 룸에 위치한 라디에이터 캡을 열어 냉각수를 주입하면 되는데, 라디에이터의 캡을 열 때는 매우 조심해야 한다. 오버 히트 현상이 발생했을 때의 부동액이나 수증기의 온도는 피부에 닿았을 경우 화상을 입을 정도로 뜨겁기 때문이다. 특히 라디에이터 내에는 압력이 차 있어 캡을 여는 순간 '퍽' 하고 뜨거운 물길이 솟구칠 수 있다는 걸 항상 염두에 두어야 한다. 실

↑ 엔진 룸 내부의 라디에이터 캡 위치

↑ 라디에이터 캡

↑ 리저브 탱크

제로 정비사들도 라디에이터 캡을 열 때는 수건이나 목장갑을 이용해 캡을 누르면서 천천히 개봉하도록 교육을 받는다. 냉각수를 점검, 보충할 때는 엔진을 충분히 식힌 다음에 작업하는 것이 바람직하다는 걸 잊지 말자.

주의 장시간 운행하지 않은 차의 냉각수를 점검할 때에도 냉각 계통에 압력이 차 있을 수 있으니 수건이나 장갑 등으로 라디에이터 캡을 누른 상태에서 천천히 열도록 한다.

냉각수(부동액)는 다음의 부품 사이를 흐르며 순환한다.

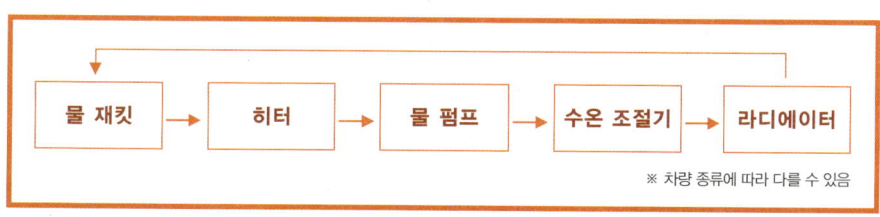

↑ 냉각수의 이동 경로

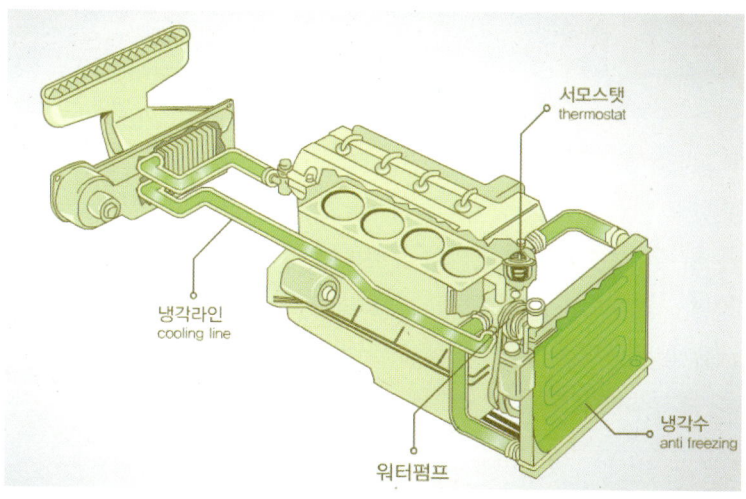

← 냉각수의 흐름
[출처 : www.e-pr.kr]

073
Mechanic Part 02

냉각수(부동액)와 관련된 주요 부품으로 라디에이터와 물 펌프가 있는데, 보닛을 열면 엔진 룸의 제일 앞쪽에 위치한 것이 라디에이터로, 뜨거워진 냉각수(부동액)가 라디에이터의 위에서 아래로 흐르는 동안 방열판이 뜨거운 열을 공기 중에 노출시켜 엔진을 효과적으로 식히는 원리이다.

자동차에서는 에어컨&히터 계통의 콘덴서(응축기, condensor), 에바포레이터(증발기, evaporator), 히터 코어(heater core) 같은 부품이 라디에이터와 비슷한 형태를 띠고 있다. 물론 자세히 살펴보면 크기, 모양, 차량에서의 장착 위치 등 모든 것이 다르지만 부품을 분리해서 놓고 보면 공기와의 접촉면을 넓게 가져가기 위한 공통점 때문에 가끔 헷갈릴 때가 있으니 주의해야 한다.

↑ 라디에이터

↑ 콘덴서

↑ 히터 코어

냉각수(부동액)와 관련한 또 다른 주요 부품으로 물 펌프(워터 펌프라고도 함)가 있다. 물 펌프는 냉각수의 순환을 발생시키기 위해 엔진의 구동축(크랭크샤프트)에 고무벨트(구동 벨트)로 연결시켜 사용하는데, 물 펌프도 차량의 노후화에 따라 누수되는 경우가 있으니 수시로 점검하고 필요 시 교체하도록 한다.

↑ 물 펌프

↑ 서모스탯

부동액(냉각수)의 역할과 정비 포인트

날씨가 추워져 부동액(냉각수)을 교환할 때는 반드시 기존의 부동액(냉각수) 종류를 확인하여 같은 계열의 부동액(냉각수)으로 주입해야 한다. 다른 계열의 부동액(냉각수)을 주입하면 기존의 부동액(냉각수)과 반응해 부유물을 발생시킴으로써 냉각 라인이 막히는 경우가 종종 발생하니 주의하도록 한다. 부동액(냉각수)의 종류는 에틸렌글리콜(EG) 계열과 프로필렌글리콜(PG) 계열로 나뉘는데, 국내에서 유통되는 부동액(냉각수)은 대부분 에틸렌글리콜 계열이다.

EG(에틸렌글리콜) 계열

① 가격이 싸고 단맛이 나며 독성이 강하여 사람이 섭취하면 생명에 위협이 된다.
② 주로 청록색, 황록색이지만 수입품 중에는 분홍색도 있다.
③ 물과의 혼합 비율이 60%(물 40%+부동액 60%)일 때 가장 낮은 동결 온도를 보인다.

> **TIP** '글리콜'의 역할은 냉각수가 얼지 않도록 하는 것이다.

PG(프로필렌글리콜) 계열

① 무색에 향이 없고 단맛이 나지만 독성이 없어 식품 첨가제로도 사용된다.
② 주로 청색을 띤다.

> **TIP** 여기에서 언급한 색상은 현재 정비 애프터 마켓에서 판매되고 있는 통상적인 색상이다. 또 제품의 계열 확인은 제품 뒷면의 라벨지를 참고하면 된다.

냉각수(부동액)의 합리적인 교환 시기

냉각수(부동액)의 교환 주기는 일반적으로 약 2년이며, 오염도를 점검하여 교환 시기를 결정하면 된다.

양호	보통	불량
냉각수(부동액) (신품)	냉각수(부동액) (중간)	냉각수(부동액) (오염)
어는점 −20C 이하	어는점 −10 ~ −20C	어는점 −10C 이상
맑은 초록색	어두운 초록색	녹물, 부유물, 오일 혼합

↑ 주행 거리에 따른 냉각수(부동액)의 색깔 변화

냉각수 점검하고 보충하기

겨울에는 냉각 라인을 꼼꼼히 점검하는 것이 필요하다. 부동액은 보통 물과 5:5 비율로 혼합하여 적정량을 보충해야 하는데, 여름철 엔진 과열을 겪은 차의 경우 물을 많은 양 보충했을 가능성이 있으니 반드시 확인하도록 하자. 만약 부동액보다 물의 비율이 너무 높으면 부동액이 얼어 엔진과 라디에이터가 동파되는 등 치명적인 손상을 줄 수 있다는 것을 명심할 것.

1 보닛을 열고 주황색 스티커가 붙어 있는 라디에이터 압력 캡의 위치를 확인한다.

주의
오버 히트 현상이 발생한 직후 라디에이터 캡을 열면 압력으로 인해 뜨거운 물과 수증기가 튀어 올라 화상을 입을 수 있으니 절대 맨손으로 열지 않도록 주의한다.

2 주행으로 엔진이 과열된 상태라면 엔진을 충분히 식힌 후 장갑 등을 라디에이터 압력 캡에 댄 다음 누르면서 천천히 왼쪽으로 돌린다.

TIP 압력이 모두 새어 나갈 때까지 마개를 누르면서 천천히 연다.

3 라디에이터 캡을 완전히 열어 부동액의 양이 라디에이터 캡 윗부분까지 가득 차 있는지 확인한다. 이때 부동액의 양이 부족하면 라디에이터 캡을 닫았을 때 부동액이 흘러넘치지 않을 정도까지 보충한다.

4 라디에이터 캡을 닫는다.

5 리저브 탱크를 확인하여 부동액이 부족할 경우 뚜껑을 열고 여기에도 부동액을 보충한다.

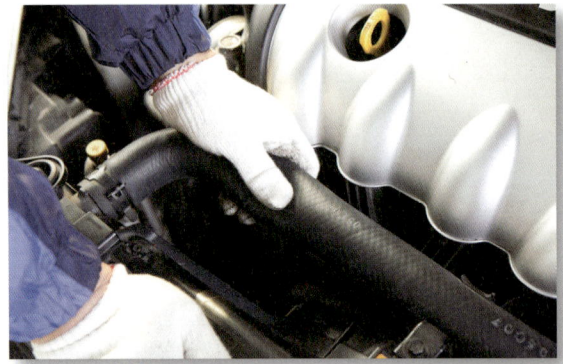

6 부동액(냉각수)을 점검할 때는 항상 라디에이터와 연결된 두꺼운 호스도 손으로 눌러 보아 고무가 탄력을 유지하고 있는지 함께 확인해야 한다.

TIP 호스가 노후화되면 고무의 탄성이 없어져서 딱딱해지는데, 이러한 현상은 결국 연결 부위에 누수가 생기는 원인이 된다.

냉각수가 없을 때 대처 방법

냉각수가 부족할 때는 같은 종류의 냉각수로 보충하는 것이 가장 좋지만, 미리 준비한 여분이 없을 경우 우리 주변에서 쉽게 구할 수 있는 물을 이용하는 것도 방법이다. 하지만 물도 사용할 수 없는 것들이 있는데, 이런 물을 잘못 보충하면 자동차의 냉각 계통에 심각한 손상을 초래할 수 있으니 각별히 주의해야 한다.

  냉각수의 대용으로 쓸 수 있는 물은 수돗물, 필터로 정화된 정수기물, 증류수, 빗물 등이 있다. 반면 하천 물, 우물물 등은 산이나 염분을 포함하고 있어 냉각 계통을 부식시키므로 엔진 과열 현상의 원인이 된다. 또 마트나 편의점에서 쉽게 구입할 수 있는 생수 역시 미네랄 성분이 자동차의 냉각 계통을 부식시킬 수 있으니 사용해서는 안 된다.

■ 대체 가능한 물

■ 대체 불가능한 물

라디에이터 부식 방지제 주입하기

라디에이터는 자동차 엔진의 온도를 일정하게 유지시켜 주는 매우 중요한 부품이지만, 엔진 냉각의 필수 요소인 냉각수로 인해 부식을 피할 수가 없다. 라디에이터의 부식 현상으로는 냉각수 변색, 아주 옅은 이물질의 발견, 냉각 효율 저하 등이 있는데, 라디에이터에서 부식이 진행되면 엔진의 냉각 효율이 점차 저하되면서 냉각 팬의 작동 간격이 짧아지고, 심할 경우 라디에이터에 작은 크랙이나 천공이 생기기도 한다. 또 60,000~80,000km 주행 후 타이밍 벨트 교환을 위해 워터 펌프를 분해해 보면 내부에 녹이 많이 슬어 있거나 녹에 의해 이미 상당 부분 부식이 진행된 경우도 종종 있다. 자동차의 오버 히트 역시 그 원인 중 하나는 냉각수의 부식물로 인해 엔진의 냉각 효율이 저하되어 나타난다. 라디에이터에 부식 방지제를 주입하는 것만으로 수십만 원의 수리비를 절약할 수 있는데, 신차 혹은 차량 주행 거리가 50,000km 내외일 때 성능 좋은 라디에이터 부식 방지제를 주입해 두면 보통 주행 거리 90,000km까지 라디에이터의 부식을 방지할 수 있다.

1 엔진이 충분히 식은 상태에서 보닛을 연다.

2 라디에이터 캡을 누꺼운 천으로 감싼 후 살며시 누르며 시계 반대 방향으로 천천히 돌려서 연다.

3 라디에이터 부식 방지제를 주입한다.

4 라디에이터 캡을 시계 방향으로 돌려 꼭 닫는다.

> **주의** 부동액 관련 첨가제를 주입하기 위해 양을 맞추려고 부동액의 일부를 빼내는 경우 폐부동액을 아무 데나 버리면 절대 안 된다. 폐부동액은 환경 오염에 치명적인 영향을 미치므로 반드시 자동차 정비소를 통하여 전문적으로 처리해야 한다.

라디에이터 냉각수 누수의 원인과 대처 방법

↑ 냉각수(부동액) 누수 점검 포인트

주차 또는 정차된 차량 아래쪽에 물이 흘러내린 흔적을 본 경험이 있을 것이다. 이는 냉각수의 누수 현상으로 대부분 라디에이터 관련 부품인 라디에이터 호스, 라디에이터 코어의 부식 등 라디에이터 냉각 라인의 크랙이나 천공 현상이 원인이다. 냉각수의 누수가 시작되면 양이 급격하게 줄어들 수밖에 없으며, 방치할 경우 냉각수 부족으로 엔진 냉각에도 치명적인 위험이 뒤따른다.

   라디에이터에서 냉각수가 새는 것이 발견되었을 경우 시중에 판매되는 라디에이터 누수 방지제를 주입하면 대부분의 누수 현상을 제어할 수 있다. 그러나 천공의 크기가 큰 경우(작은 콩 사이즈 이상) 누수 방지제로는 효과가 없으니 용접이나 부품 교환 등의 정비가 필요하다. 새 차를 구입할 때부터 혹은 새 차가 아니더라도 미리 라디에이터 부식 방지제를 주입해 두면 부식에 의한 천공(크랙, crack) 현상을 방지할 수 있다.

Professional Page

라디에이터 누수 방지제 주입하기

Step 1 엔진이 충분히 식은 상태에서 라디에이터 압력 캡을 살며시 누르며 천천히 시계 반대 방향으로 돌려 연다.

Step 2 라디에이터 누수 방지제를 주입한다.

Step 3 주입이 완료되면 라디에이터 캡을 닫는다.

Owner Driver 10.

구동 벨트(drive belt)

구동 벨트의 역할과 정비 포인트

구동 벨트는 엔진 폭발에 의한 크랭크샤프트의 회전력을 회전이 필요한 다른 부품에 전달하는 고무벨트이다. 단면을 보면 'V'자 형태이기 때문에 흔히 브이 벨트(V belt)라고 부르는데, 사실 최근에는 'V'자보다 평면 모양의 구동 벨트를 많이 사용하므로 엄밀히 말하면 이 용어는 잘못 사용되고 있는 것이라고 할 수 있다.

↑ 구동 벨트

← 엔진 룸 내부의 구동 벨트 위치

구동 벨트를 점검하는 방법으로는 크게 두 가지가 있다. 첫째, 고무벨트의 옆면을 플래시로 비춰 봤을 때 갈라짐이 있는지 관찰하는 방법이다. 약간이라도 갈라짐이 있다면 얼마 가지 않아 벨트가 끊어질 가능성이 높으니 곧바로 새 것으로 교체하는 것이 더 큰 비용의 지출을 막는 길이다. 둘째, 차량에 시동을 건 상태에서 벨트의 소음으로 확인하는 방법이다. 보통 차에서 '찌지찍~' 소리가 나면 벨트 계통에 문제가 있는 것으로 판단할 수 있으며, 이런 경우에는 벨트의 장력이나 노화 여부, 베어링의 유격 등을 점검해 봐야 한다.

↑ 구동 벨트의 크랙 점검

구동 벨트는 차종에 따라 3개 또는 2개인 경우가 대부분이지만, 최근 출시되는 차량들은 엔진의 정숙성, 내구성 향상을 위해 구동 벨트를 하나로만 설계하고 있다. 흔히 벨트 3종 세트라고 부르는 구동 벨트는 다음과 같다.

① 팬 벨트 : 크랭크축-워터 펌프-발전기
② 에어컨 벨트 : 크랭크축-에어컨
③ 파워 벨트 : 워터 펌프-파워 스티어링 펌프

> **TIP** 최근에는 브이 벨트보다 평평한 단면에 4개 또는 5개의 보강 라인이 들어간 리브 벨트(rib belt)가 많이 사용된다.

→ 3벨트 타입의 구동 벨트 구조
 [출처 : www.e-pr.kr]

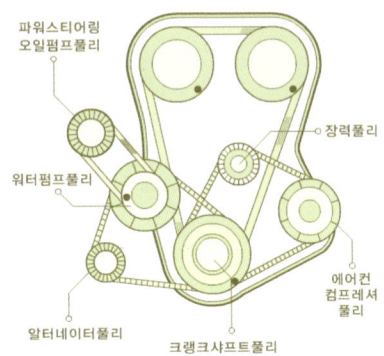

구동 벨트 점검하기

구동 벨트의 수명은 평균 주행 거리 30,000~40,000km이며, 구동 벨트를 교체할 때는 텐셔너, 아이들러의 유격, 작동 상태를 반드시 점검하고 필요한 경우 함께 교체하는 것이 좋다.

1 엄지손가락을 이용하여 약 8~10kg의 힘으로 구동 벨트를 수직으로 힘껏 누른다. 이때 12~20mm 정도 처짐(장력)이 있으면 정상이다.

> **TIP** 구동 벨트의 장력이 너무 강하면 벨트와 연결되어 있는 부품의 베어링 마모를 촉진시키고, 반대로 장력이 약하면 엔진의 힘이 구동 벨트를 통해 다른 부품으로 충분히 전달되지 못하기 때문에 발전기의 출력이 불량해지거나 에어컨의 성능 저하 등이 발생할 수 있다.

2 팬 벨트의 손상이 발생했는지, 노후로 인한 균열(크랙)은 없는지 육안으로 점검한다.

3 구동 벨트는 운전자가 혼자서 교체하기 어려우므로 손상이나 균열이 발생했다면 가까운 자동차 정비소를 방문하여 점검을 받아야 한다.

↑ 구동 벨트 점검 포인트

오토텐셔너와 아이들러

[UPGRADE]

팬 벨트의 기본 재질이 고무이기 때문에 사용 조건이나 노화에 따라 길이의 변화가 발생할 수 있다. 그래서 최근 출시되는 자동차들은 오토텐셔너를 장착, 팬 벨트의 장력을 자동으로 조절할 수 있게 만들고 있다.
아이들러는 정비 현장에서 아이들 베어링이라고도 부르는데, 벨트의 장력을 유지하기 위해 사용하는 베어링이다.

↑ 오토텐셔너

087
Mechanic Part 02

Owner Driver 11.

타이밍 벨트 (timing belt)

타이밍 벨트의 역할과 정비 포인트

혼합기가 엔진 내부에 들어갔다가 나오는 것을 제어하는 흡기 밸브와 배기 밸브, 두 밸브의 시간을 조정하는 벨트를 타이밍 벨트라고 한다. 자동차의 타이밍 벨트는 대부분 고무로 되어 있어 노후되면 서서히 갈라지기 시작하다가 어느 순간 끊어진다. 타이밍 벨트가 끊어지면 실린더 헤드, 실린더 블록까지 손상을 입기 때문에 막대한 수리비를 지출해야 하는 상황이 발생하니 미리 점검하여 교체하는 것이 좋다.

↑ 타이밍 벨트

↓ 타이밍 벨트의 구조

타이밍 벨트의 수명은 차종과 운전자의 습관에 따라 달라지지만 평균적으로 주행 거리 60,000~80,000km 정도 된다. 사실 일반 운전자들이 타이밍 벨트의 노후화 정도를 스스로 판단하기란 그리 쉽지 않은 일이다. 그러므로 주행 거리 40,000km 초과 시, 또는 2년이 지나게 되면 주기적으로 타이밍 벨트 점검을 의뢰하는 것이 바람직하다. 정비소를 방문했을 때 정비사가 타이밍 벨트의 갈라짐을 육안으로 확인시켜 줄 경우 곧바로 교환을 하는 것이 더 큰 비용의 소모를 예방하는 길이다. 참고로 타이밍 벨트 교환은 작업 시간이 오래 걸리고 난이도가 높아 숙련된 정비사가 아니면 하기 어려운 작업이다.

TIP 최근에는 타이밍 벨트가 체인으로 만들어진 모델도 출시되고 있다.

← 타이밍 벨트의 크랙 점검

타이밍 벨트 점검 시기

[UPGRADE]

타이밍 벨트는 엔진의 일부 부품을 탈거해야만 확인할 수 있기에 운전자가 혼자서 벨트의 갈라짐이나 장력 상태를 직접 점검하는 것이 어렵다는 점을 잊지 말자. 타이밍 벨트는 차량마다 정기 점검 주기가 다르기 때문에 본인 차량의 정기 점검 주기를 숙지했다가 사전에 예방 정비를 하도록 하자.

Owner Driver 12. 에어컨 필터 (실내 항균 필터, cabin filter)
Owner Driver 13. 배터리 (battery)
Owner Driver 14. 헤드 커버 개스킷 (head cover gasket)
　　Professional Page　내 차 바로 알기 점검 시트
Owner Driver 15. 점화 플러그 (spark plug)
　　Professional Page　자동차 계기판에 표시되는 다양한 경고등
Owner Driver 16. 연료 필터 (fuel filter)
Owner Driver 17. 타이어 (tire)
Owner Driver 18. 브레이크 패드 (brake pad)
Owner Driver 19. 로어 암 & 어퍼 암 (lower arm & upper arm)
Owner Driver 20. 쇼크 업소버 (shock absorber)
　　Professional Page　주요 정비 소모품의 교체 주기
Owner Driver 21. 드라이브 샤프트 (drive shaft)
Owner Driver 22. 머플러 (소음기, muffler)
　　Professional Page　머플러에서 흰 연기가 나오는 이유
Owner Driver 23. 전조등 & 미등 (head & tail lamp)
Owner Driver 24. 브레이크 등 (brake lamp)

Mechanic Part
내 차를 안전하게 만드는 13가지 필수 소모품 정비하기

자동차의 부품들은 모두 수명이 제각각이고, 주행 환경에 따라 교체 시기가 달라지기 때문에 운전자 스스로 점검 방법을 알지 못하면 불필요한 지출을 하게 될 수도 있다. 또 에어컨 필터, 전조등 전구, 배터리 등 자가 정비가 가능한 몇몇 소모품은 필요할 때 즉시 교체하는 것이 운전자가 차를 더욱 안전하게 관리할 수 있는 요령이다. 이제부터 내 차의 13가지 필수 소모품을 점검하고 정비하는 방법에 대하여 자세히 배워 보자.

Owner Driver 12.

에어컨 필터(실내 항균 필터, cabin filter)

에어컨 필터의 역할과 정비 포인트

예전에는 에어컨 없는 차도 타고 다니긴 했지만, 해가 갈수록 여름이 무더워지는 요즘에는 자동차 에어컨이 제대로 작동하지 않는다면 무척 괴로운 여름을 보내야 할 것이다. 가정에서 사용하는 에어컨과 자동차의 에어컨은 기본적으로 그 원리가 같은데, 차량 에어컨도 실내 공기 정화 필터를 수시로 점검, 교체해야 밀폐된 차량 내부의 공기를 쾌적하게 유지할 수 있다.

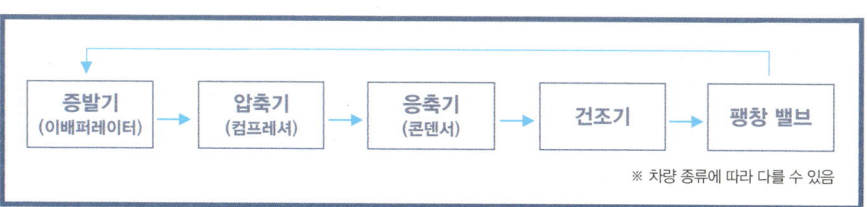

↑ 자동차 에어컨 냉매의 흐름

차량 내부에서 자가 정비가 가능한 대표적인 부품은 에어컨 필터이다. 에어컨 필터는 실내 항균 필터, 캐빈 필터라고도 부르며 조수석 앞쪽의 수납공간(글로브 박스) 안쪽에 위치해 있는데, 전문 정비사가 실내 항균 필터를 교체하는 것을 보면 나도 충분히 할 수 있을 것 같다는 생각이 들 것이다. 그러나 막상 직접 해 보면 생각보다 많은 시간이 걸리고 작업도 쉽지 않지만 정확한 방법만 알면 교체할 수 있는 것이 에어컨 필터이다.

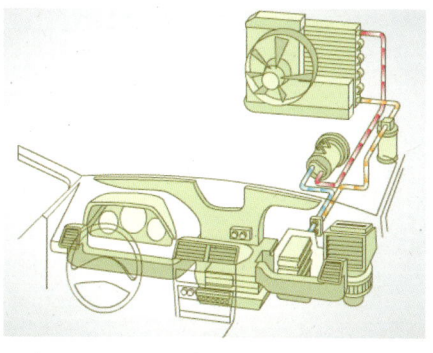

↑ 자동차 에어컨의 구조 [출처 : www.e-pr.kr]

차량 내부의 공기는 대부분 에어컨 필터를 거쳐 실내로 유입되기 때문에 자동차 실내 공기의 쾌적 여부에 에어컨 필터가 중요한 역할을 한다고 볼 수 있다. 시중에 판매되는 에어컨 필터의 경우 대부분 곰팡이를 없애 주는 항균 처리 여과지를 사용하지만, 가끔 항균 인증이 없는데도 불구하고 항균 필터라고 파는 제품들이 있으니 꼭 항균 인증 표시를 확인해야 한다. 에어컨 필터는 6개월 또는 주행 거리 10,000km가 교체 주기이고, 필터 종류에 따라 공기의 흐름 방향을 맞추어 장착해야 하는 제품도 있으므로 교체할 때는 위아래를 확인하여 부착하도록 하자.

↑ 자동차 에어컨 필터

에어컨 필터 교체하기

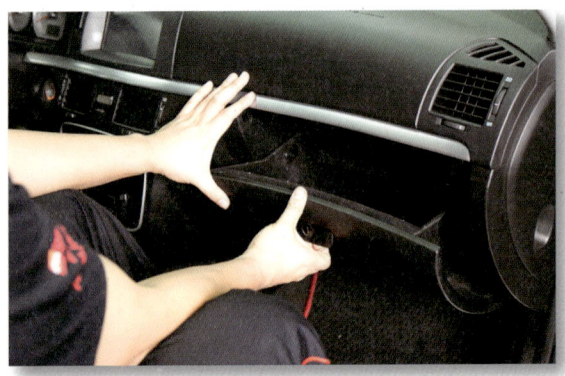

1 에어컨 필터는 자동차 실내의 글로브 박스 안쪽에 위치해 있다. 글로브 박스를 연다.

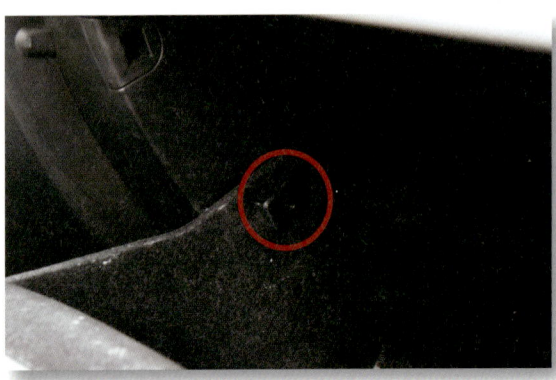

2 글로브 박스 안쪽을 보면 좌우로 두 개의 스토퍼가 설치되어 있는 것을 알 수 있다.

3 두 개의 스토퍼를 당기거나 돌려서 글로브 박스로부터 분리한다.

4 글로브 박스 바깥쪽의 오른쪽을 보면 고정 핀이 걸려 있는 것을 볼 수 있다.

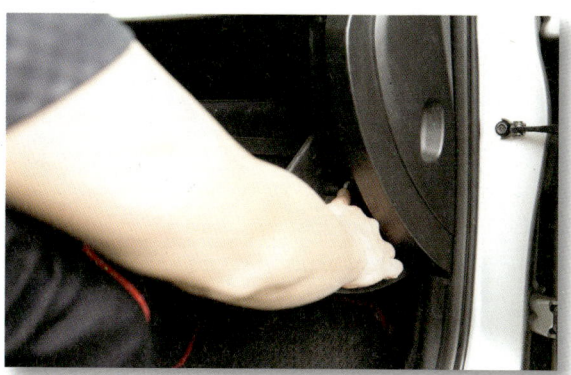

5 고정 핀을 손가락으로 눌러서 고리를 빼낸다.

> **TIP** 고정 핀을 분리하면 글로브 박스가 젖혀지니 왼손으로 글로브 박스를 지지한 상태에서 고리를 빼낸다.

6 고정 핀을 분리하면 글로브 박스가 완전히 아래쪽으로 젖혀지고, 안쪽으로 에어컨 필터 케이스가 있는 것을 확인할 수 있다.

7 에어컨 필터 케이스의 고정 키를 위, 아래로 동시에 누르며 당긴다.

TIP 차종에 따라 고정 키 없이 케이스를 그냥 당기면 되는 경우도 있고, 방법이 조금씩 다를 수 있다.

8 케이스에서 오염된 에어컨 필터를 제거한다.

9 오랫동안 필터를 교체하지 않았을 경우 새 필터와 비교하면 무척 차이가 나는 것을 쉽게 알 수 있다.

10 새 필터로 교체할 때는 공기 흐름 표시를 확인하여 알맞은 방향으로 장착한다.

11 새 필터를 케이스에 잘 장착했다면 분해의 역순으로 다시 조립한다.

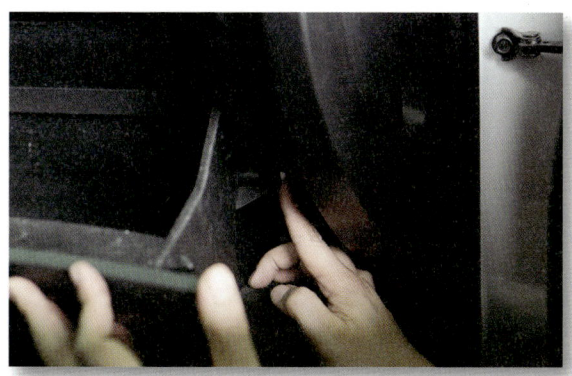

12 고정 핀을 고리에 걸고, 스토퍼를 글로브 박스에 끼워 에어컨 필터 교체를 완료한다.

Owner Driver 13.

배터리(battery)

배터리의 방전 원인과 정비 포인트

어느 정도 경력이 있는 운전자라면 배터리 방전으로 한 번쯤 난처한 상황을 겪은 경험이 있을 것이다. 배터리에 문제가 생겨 시동이 걸리지 않는 경우는 일반적으로 두 가지 유형이 있다. 배터리가 방전되었거나 아니면 배터리를 충전시켜 주는 발전기(알터네이터, alternator)가 고장 난 경우. 물론 대부분은 차량의 실내등 또는 라이트를 끄지 않은 채 내려 밤새 배터리가 방전되어 발생하는 문제이지만, 최근에는 전기를 지속적으로 소모시키는 자동차 용품들로 인하여 배터리가 방전되는 경우도 많으니 가급적 차량의 시동을 끈 상태에서는 자동차 내부 용품의 전원도 끄는 습관을 갖도록 하자.

자동차에서 배터리는 대부분 앞쪽 엔진 룸에 위치하고 있지만, 국내 대형차나 수입차 중 일부의 경우 배터리가 뒷좌석 아래, 또는 트렁크에 있는 모델도 있다. 배터리가 뒷좌석이나 트렁크에 있는 차량은 엔진 룸에 별도로 충전용 단자가 설치된 경우도 있으니 자신의 차는 배터리와 충전용 단자가 어디에 위치해 있는지 미리미리 확인해 두자.

배터리가 방전되어 시동이 걸리지 않을 때는 당황하지 말고 주변의 차량과 충전 케이블을 연결해 시동을 걸거나 보험 회사로 전화하여 긴급 출동 서비스를 받도록 한다. 국내에서 많이 유통되는 차량용 배터리로는 델코, 로케트, 보쉬, 쏠라이트 등이 있으며, 최근에는 MF(Maintenance Free, 무보수·무정비) 배터리라고 하여 기존의 납축 전지에 비해 우수한 성능을 가진 배터리가 많이 유통되고 있다. 하지만 어떤 배터리를 사용하든지 수시로 배터리에 부착된 점검 표시를 확인하여 필요한 경우 교체하는 것이 좋다.

　국내에서 판매되는 자동차용 배터리에는 다음과 같은 상품들이 있다.

↑ 로케트

↑ 델코

↑ 보쉬

↑ 쏠라이트

배터리만큼 중요한 발전기의 역할

자동차에서 시동 걸기를 포함하여 각종 전기·전자 부품을 사용하기 위해서는 배터리에 계속적인 충전이 이루어져야 하는데, 이 역할을 하는 것이 발전기다. 발전기는 엔진 룸의 앞쪽에 위치해 있음에도 잘 보이지 않지만, 항상 엔진의 크랭크축과 구동 벨트에 연결되어 배터리를 끊임없이 충전하는 임무를 수행한다.

↑ 엔진 룸 내부의 발전기 위치

↑ 발전기

배터리 제조 일자 읽는 방법

배터리는 유통 과정이 길어질수록 수명이 짧아진다. 국내에서는 2000년 1월부터 자동차 배터리에 제조 일자를 표시하도록 규정하고 있는데, 배터리 제조사마다 약간의 차이는 있지만 일반적으로 사용되는 배터리 제조 일자 표기법은 다음과 같다.

▲ A KJ 01

① ▲ : 제조 연도(예. 2002→2, 2012→2), ② A : 제조 월(예. A→1월, B→2월), ③ KJ : 제조사 참고, ④ 01 : 제조일

배터리 점검하기

1 보닛을 열고 배터리의 위치를 확인한다.

> **TIP** 배터리는 보통 교체 주기가 약 3년이며, 상태 표시 창을 점검하여 교체 시기를 결정하면 된다.

2 배터리의 수명을 알 수 있는 인디케이터를 확인한다.

↑ 녹색(정상)

↑ 검은색(충전 필요)

↑ 흰색(배터리 교체)

3 표시 창이 녹색이면 정상, 검은색이면 충전 필요, 흰색인 경우 배터리를 교체해야 한다.

자동차 배터리의 L, R 구분

[UPGRADE]

자동차 배터리는 +, - 단자의 위치에 따라 L 타입과 R 타입으로 구분된다. 만약 자신의 자동차에 L 타입 배터리를 사용해야 하는데 R 타입 배터리를 구입했다면 장착할 수가 없다. 배터리나 배터리 케이스를 잘 살펴보면 L, R 표기가 되어 있으므로 자신의 자동차에 맞는 배터리가 어떤 타입인지 확인하여 배터리를 교체할 때 낭패를 보는 일이 없도록 하자.

배터리 교체하기

1 10mm 스패너를 이용하여 배터리의 '-' 단자 고정 너트를 시계 반대 방향으로 돌려서 푼다.

> **TIP** 10mm 스패너는 보통 차량을 구입할 때 지급하는 공구에 포함되어 있다.

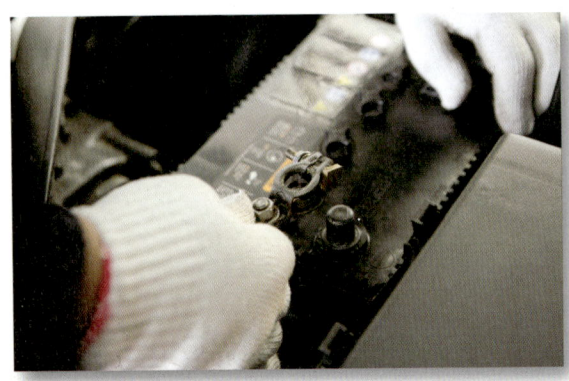

2 고정 너트를 완전히 제거할 필요는 없고, 케이블을 들었을 때 배터리와 '-' 케이블이 분리될 정도로만 풀면 된다.

3 이번에는 '+' 단자를 분리할 차례인데, 우선 커버를 열고 '-' 단자와 같은 방법으로 고정 너트를 푼다.

102
내 차 사용설명서

4 '+' 단자는 케이스를 통째로 들어낸다.

5 분리한 '+' 단자가 차체와 접촉하지 않도록 천 등으로 보호한 후 한쪽으로 밀어 둔다.

6 배터리 앞쪽 아래를 보면 배터리를 고정하고 있는 브래킷이 볼트로 잠겨 있는 것을 확인할 수 있다.

7 라쳇 렌치를 이용하여 배터리를 고정하고 있는 브래킷 고정 볼트를 푼다.

8 조심스럽게 배터리를 들어서 꺼낸다.

> **주의**
> 배터리는 보기보다 훨씬 무거우므로 다치지 않도록 주의하면서 조심스럽게 들어 올려야 한다. 또 이동 중 떨어뜨리거나 충격을 가해서는 안 되며, '+'와 '—' 단자가 끊어지거나 화기에 가까이 가지 않도록 주의한다.

9 새 배터리를 배터리 자리에 장착한다. 그런 다음 분리했던 배터리 고정 브래킷을 준비한다.

> **주의**
> 폐배터리는 절대 아무 데나 버리면 안 되고, 새 배터리를 구입한 곳이나 정비소에 의뢰하여 지정된 방법으로 처분해야 한다.

10 브래킷을 볼트로 고정할 수 있도록 홈에 맞춰 올려놓는다.

11 라쳇 렌치를 이용하여 브래킷 고정 볼트를 잠근다.

TIP 배터리를 감싼 커버가 있을 경우 씌운다.

12 '+' 단자를 감쌌던 천을 벗긴 다음 케이스를 '+' 단자에 끼운다.

TIP 배터리를 조립할 때는 '+' 단자를 '-' 단자보다 반드시 먼저 고정해야 한다.

105
Mechanic Part 03

13 10mm 스패너를 이용하여 '+' 단자 고정 너트를 조인다.

14 배터리 단자에 녹이 생겼거나 이물질이 묻었을 경우 사포를 이용하여 살짝 갈아 낸다.

15 '−' 케이블을 단자에 끼운 다음 10mm 스패너를 이용하여 '−' 단자의 고정 너트를 조인다.

배터리 교체 후 9가지 점검 사항

정비소에서 배터리를 교체하면 정비사들이 알아서 필요한 사항을 조치해 주지만, 운전자가 직접 배터리를 교체했을 경우에는 교체 작업 후 다음의 사항들을 확인, 재설정해야 한다.

① 파워 윈도
② 시계
③ 라디오
④ 선루프
⑤ 운전 위치 기억 장치
⑥ 트립 컴퓨터
⑦ 히터 및 에어컨
⑧ 자동 개폐 트렁크
⑨ 블루투스

파워 윈도 세팅하기 ➔

이 9가지 항목은 전원 공급이 끊어지면 차량에 메모리를 남기지 않기 때문에 설정이 지워져 버린다. 그러므로 배터리 단자를 분리했거나 방전 등으로 전원이 차단되었을 경우에는 차량의 종류와 상관없이 초기화 작업을 진행해야 한다. 책에서는 파워 윈도 세팅(원터치 닫힘 기능이 있는 윈도만 해당) 방법에 대해서만 살펴보자. 나머지 항목의 세팅 방법은 차를 구입할 때 받은 '운전자 설명서(Owner's manual)'를 참고하면 된다.

Step 1 시동 키를 'ON' 또는 시동 상태로 둔다.
Step 2 창문 열림 스위치를 눌러 창문을 완전히 내린다.
Step 3 창문 닫힘 스위치를 눌러 창문을 완전히 닫는다. 이때 창문이 완전히 닫힌 후에도 창문 닫힘 스위치를 누른 상태로 2초간 유지한다.
Step 4 원터치 닫힘 기능이 정상적으로 작동하는지 확인한다.

↑ 파워 윈도 초기화

Owner Driver 14.

헤드 커버 개스킷(head cover gasket)

헤드 커버 개스킷의 역할과 정비 포인트

자동차의 엔진은 실린더 헤드, 실린더 블록, 오일 팬 크게 세 부분으로 나뉘며, 실린더 헤드의 윗부분을 덮고 있는 커버를 실린더 헤드 커버라고 부른다. 실린더 헤드와 실린더 헤드 커버 사이를 밀봉하기 위하여 개스킷(gasket)을 사용하는데, 이 개스킷의 이름이 헤드 커버 개스킷이다.

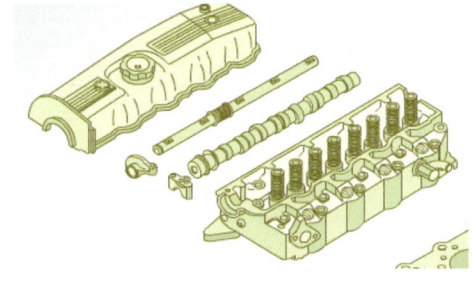

↑ 실린더 헤드 분해도 [출처 : www.e-pr.kr]

실린더 헤드 커버와 실린더 헤드 사이에는 캠축이 1~2개 설치되어 각 실린더의 흡, 배기 밸브를 열고 닫음으로써 신선한 공기 또는 혼합기를 실린더로 흡입하거나 연소 가스를 배출시키는 역할을 한다. 캠축과 밸브 기구는 엔진이 작동하는 동안 많은 열을 발생시키는데, 이렇게 발생한 열을 식혀 주고 원활한 윤활 작용을 유지하기 위해 엔진 오일이 있는 것이다.

개스킷의 주 역할은 오일이 새지 않도록 하는 기밀 유지이지만, 누유가 발생하면 배기 매니 폴더의 뜨거운 열과 반응하여 화재 사고가 발생할 수 있으니 수시로 누유 여부를 점검해야 한다. 실제로 과거의 자동차들은 배기 매니 폴더가 차량 앞쪽에 있어 머플러로 나가기 위해서는 엔진을 통과해야 했는데, 이때 헤드 커버 개스킷의 누유로 인하여 화재가 발생하는 경우도 더러 있었다. 하지만 최근에 출시되는 차량들은 배기 매니 폴더가 엔진 중심으로 차량 뒤쪽에 있어 이런 문제가 개선되었으나 혹시 모를 사고에 대비해서 나쁠 것은 없다.

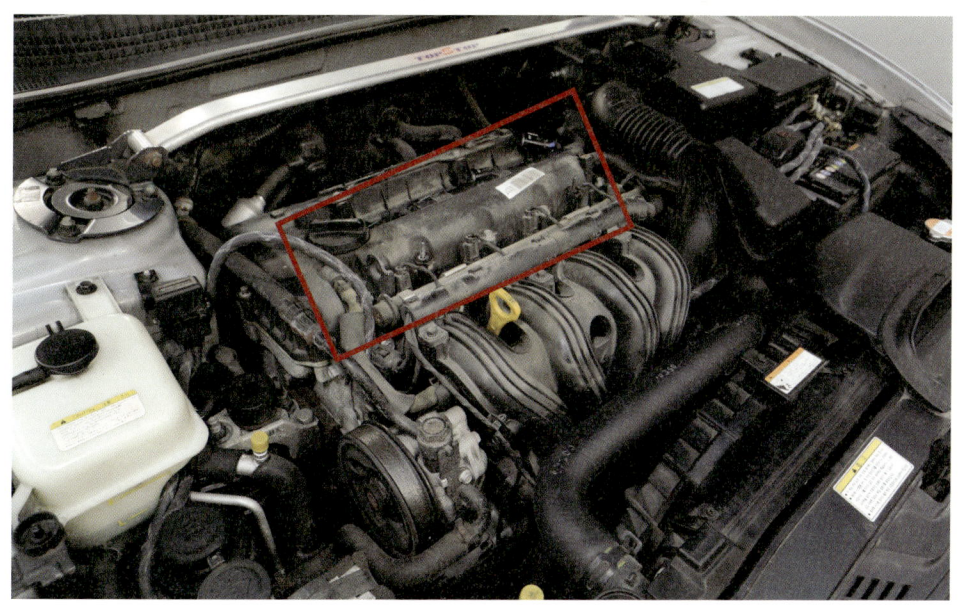

↑ 헤드 커버 탈거 후 드러난 헤드 커버 개스킷

헤드 커버 점검하기

실린더 헤드 커버는 엔진의 최상단에 설치되어 있는 커버이다. 헤드 커버와 엔진 사이에는 엔진 오일의 누유 방지를 위해 개스킷이 설치되어 있는데, 시간이 경과할수록 개스킷의 기능이 저하되기 때문에 오일 누유가 발생하기 쉽다. 그러므로 운전자는 종종 실린더 헤드 커버 주변의 오일 누유 여부를 직접 점검하는 것이 바람직하다.

1 헤드 커버 접합부의 측면에서 누유가 발생하는지 확인한다.

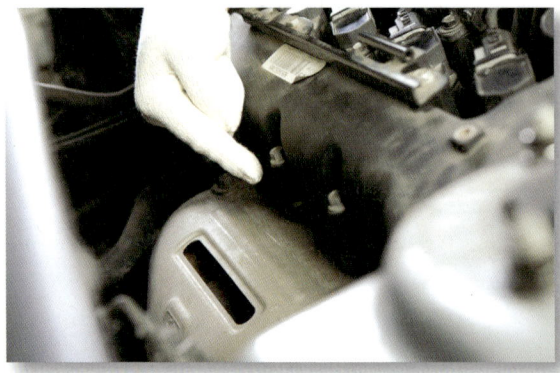

2 헤드 커버 접합부의 전면과 후면에서 누유가 발생하는지 확인한다.

내 차 바로 알기 점검 시트

Professional Page

다음 점검 시트의 빈칸을 채워 내 차가 어떤 요소들로 구성되어 있는지 알아보자.

항목	내 차	예시
차량 번호		24라 ****
차종		현대 Sonata
차량 가입 보험 회사		현대해상
엔진 오일 필터(스핀온/에코)		스핀온(깡통)
엔진 오일 등급(용량)		API Service SL(4.2리터)
미션 오일 등급		ATF-Z1
파워스티어링 종류(유압식/전동식)		유압식
브레이크 오일 규격		DOT 4
부동액 규격		EG 계열(에틸렌 글리콜)
배터리 종류		델코 2HN 1242
스파크 플러그(일반/백금/이리듐)		일반 스파크 플러그
구동 벨트에 연결되어 있는 것		크랭크축, 발전기, 워터 펌프, 에어컨, 파워스티어링
전조등 종류(1개짜리/2개짜리)		두 개(하향 H1, 상향 HB3)
타이어 종류/사이즈		225/60 R 18
타이어 공기압		앞 : 30 psi, 뒤 : 30 psi
브레이크 패드 형태(앞/뒤)		패드/패드
현가 장치 종류(앞/뒤)		스트러트/더블 위시본
와이퍼 사이즈		운전석 : 20인치 조수석 : 16인치

Owner Driver 15.

점화 플러그(spark plug)

점화 플러그의 역할과 정비 포인트

자동차가 움직일 때 필요한 에너지는 엔진 내에서 연료와 공기의 혼합기가 폭발함으로써 만들어진다. 이러한 폭발이 일어나도록 불꽃을 발생시켜 주는 장치가 바로 점화 플러그(스파크 플러그)이다. 엔진의 종류에 따라 4기통이면 4개, 6기통이면 6개의 점화 플러그가 실린더마다 장착되어 있는데, 엔진 실린더의 내부는 폭발 행정마다 엄청난 고온의 열과 순간적인 불꽃이 발생하기 때문에 장기적으로 점화 플러그의 손상을 유발시킨다.

점화 플러그를 교체할 때는 모든 실린더의 점화 플러그를 동시에 교체하는 것이 일반적이고, 점화 플러그의 전기 흐름은 다음과 같다.

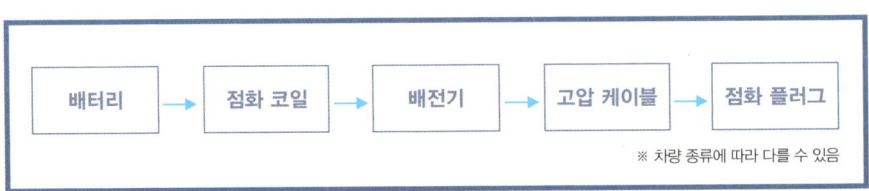

↑ 배터리의 전기 흐름

요즘에는 일반 점화 플러그보다 성능을 향상시킨 백금 점화 플러그를 기본 장착한 차량도 출시되고 있으며, 수명이 다해 교체할 때 아예 백금 점화 플러그로 교체하는 경우도 흔하게 볼 수 있다. 일반 점화 플러그의 교체 주기는 주행 거리 약 30,000km, 백금 점화 플러그의 교체 주기는 약 80,000km이다. 운전자 입장에서는 자신의 자동차에서 사용하고 있는 점화 플러그가 일반 플러그인지, 백금 플러그인지 미리 알고 있으면 경제적인 정비를 할 수 있어 좋다.

점화 플러그 종류		
일반	백금	이리듐
30,000km 시 교체	80,000km 시 교체	160,000km 시 교체

↑ 점화 플러그의 종류별 교체 주기

TIP 백금 점화 플러그보다 성능이 더 좋은 이리듐 점화 플러그도 애프터 마켓 튜닝 제품으로 많이 유통되고 있다.

점화 플러그의 열가(heat range) 확인하기

자동차는 종류마다 엔진의 배기량, 냉각 효과, 연료 소비율, 압축비 등이 다 다르기 때문에 점화 플러그의 종류도 열가(발생하는 열의 수치)에 따라 무척 다양하게 나뉜다. 점화 플러그의 열가 숫자가 높을수록 열을 방출하는 면적이 넓어 열의 방출이 빠른 냉형(cold type) 플러그로 분

류하고, 열가의 숫자가 낮을수록 열의 방출이 느린 열형(heat type) 플러그로 분류한다. 그러므로 점화 플러그를 구매할 때는 열가를 확인하여 자신의 차량에 알맞은 제품을 선택해야 한다.

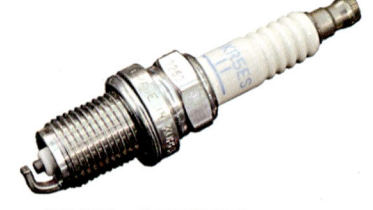

↑ 점화 플러그에 표기된 열가

TIP 점화 플러그에는 플러그 타입, 열가, 나사산 직경 등이 표시되어 있는데, 숫자로 적혀 있는 것이 제품의 열가이다.

점화 플러그의 불량 원인

정상인 점화 플러그를 살펴보면 절연 팁이 회백색이거나 회황색을 띠고 혼합비, 점화 시기 등이 정확한 것을 알 수 있다. 그런데 카본 오염, 윤활유에 젖어 있는 등 외관 오염이 심하다면 그 원인에 대한 정확한 진단이 필요하다.

1. 카본에 의한 오염
혼합비 부정확, 에어 클리너 막힘, 스파크 플러그의 낮은 열가가 원인일 수 있다.

2. 윤활유에 젖음
연소실에 과도한 윤활유의 유입이 원인이며 엔진 오일이 너무 많거나 피스톤링, 실린더의 과대 마모를 의심할 수 있다.

3. 전극이 부분적으로 녹음
연료 품질 불량, 점화 장치의 결함 등 과열에 의한 손상이 원인일 수 있다.

TIP 점화 플러그는 가솔린, LPG 방식의 차량에서만 사용되며, 디젤 차량은 점화 방식이 다르기 때문에 점화 플러그가 필요 없다.

점화 플러그 교체 과정

1 자동차의 시동을 끄고 열쇠를 키 박스에서 완전히 빼낸다.

> **주의** 점화 플러그를 교체하다가 엔진 내부에 이물질이 유입되면 엔진에 치명적인 손상을 줄 수 있으니 매우 주의해야 하며, 반드시 정비사에게 의뢰하도록 하자.

2 보닛을 열고 라쳇 렌치를 이용하여 2개의 엔진 커버 고정 볼트를 푼다.

3 엔진 커버를 위쪽 방향으로 들어 올려 엔진과 분리한다.

4 점화 코일의 위치를 확인한다.

5 점화 코일에 결합되어 있는 배선 커넥터를 분리한다.

6 라쳇 렌치를 이용하여 점화 코일 고정 볼트를 시계 반대 방향으로 풀어 제거한다.

7 점화 코일을 엔진으로부터 분리한다.

8 라쳇 렌치를 이용하여 점화 플러그를 시계 반대 방향으로 풀어서 빼낸다.

9 새 점화 플러그로 교체한다.

10 조립은 분해의 역순으로 하면 된다. 새 점화 플러그를 결합한다.

11 점화 코일을 다시 결합하고 고정 볼트를 잠근다.

12 점화 코일에 배선 커넥터를 결합한 후 엔진 커버를 결합하고 2개의 헤드 커버 고정 볼트를 잠근다.

자동차 계기판에 표시되는 다양한 경고등

Professional Page

계기판의 경고등은 자동차의 상태를 알려 주는 중요한 의미를 담고 있으니 꼭 기억해 두었다가 적절한 조치를 취하도록 하자.

항목	표시등	내용
배출 가스 자가 진단 장치 오작동 표시등	CHECK	키를 ON 위치에 두거나 시동을 걸면 차량은 배출 가스 관련 자가 진단을 수행하고 이상이 없을 경우 소등된다. 이 경고등이 계속 점등되어 있다면 인근 정비소를 방문하여 점검을 받아야 한다.
오일 압력 경고등	(오일 램프)	시동 후 엔진 오일 압력이 정상일 경우 꺼지는 등이다. 만일 오일 압력 경고등이 계속 들어와 있다면 압력이 낮은 것이므로 운행을 멈추고 오일량을 확인해야 한다. 오일량이 부족하면 엔진에 심각한 손상을 초래할 수 있기 때문에 차량을 견인하여 인근 정비소에서 점검을 받도록 한다.
충전 시스템 경고등	(배터리)	시동 후 충전 상태가 양호한 경우 일정 시간이 지나면 꺼지는 등이다. 만약 주행 중 이 경고등이 점등된다면 충전 상태가 불량한 것이므로 전기 장치의 사용을 가급적 자제하고 즉시 인근 정비소에서 점검을 받도록 한다.
안전벨트 착용 경고등	(안전벨트)	안전벨트를 착용하지 않은 상태에서 키를 ON 위치에 두거나 시동을 걸면 이 경고등이 깜빡이며 경고음이 울린다.
보조 구속 장치(SRS) 경고등	(에어백)	키를 ON 위치에 두거나 시동을 걸면 차는 에어백 시스템을 점검하고 이상이 없을 경우 이 경고등을 끈다. 만약 시동 후에도 이 경고등이 꺼지지 않는다면 인근 정비소에서 점검을 받도록 한다.
주차 브레이크 및 브레이크 장치 경고등	BRAKE	주차 브레이크가 걸려 있거나 브레이크 오일이 부족(브레이크 패드의 마모 또는 누유)할 경우 이 경고등이 점등된다. 이 경고등이 들어오면 운전자 스스로 조치하기 어려우니 인근 정비소에서 점검을 받도록 한다.
안티록 브레이크 장치(ABS) 경고등	(ABS)	차는 브레이크 시스템을 점검하고 이상이 없을 경우 이 경고등을 끈다. 만약 일정 시간이 경과한 후에도 ABS 경고등이 꺼지지 않는다면 인근 정비소에서 점검을 받도록 한다.

Owner Driver 16.

연료 필터 (fuel filter)

연료 필터의 역할과 정비 포인트

↑ 현대자동차 싼타페 차량에 장착되어 있는 디젤용 연료 필터

엔진 내에서 연료와 공기의 혼합체가 잘 폭발하기 위해서는 연료에 불순물이 섞여 있지 않아야 한다. 따라서 연료에 들어 있는 불순물을 제거해야 하는데, 이 역할을 하는 것이 연료 필터다. 그런데 운전자가 엔진 룸에서 찾기 어려운 부품 중 하나가 연료 필터이기도 하다. 특히 차종에 따라 리프트로 차를 들어 올려야만 연료 필터가 보이는 경우도 있고, 요즘 출시되는 대다수의 가솔린 차량에는 연료 필터가 연료 탱크에 삽입되어 있어 운전자가 점검하기 어려운 부분이 있다. 책에서는 디젤 (커먼레일) 연료 필터를 기준으로 살펴보자.

디젤 자동차의 경우 대부분 연료 필터가 엔진 룸에 장착돼 있으며, 초고압 분사 방식으로 인하여 교체 주기가 가솔린보다 짧지만, 최근에는 기름 연료의 품질이 향상되어 연료 필터의 수명도 늘어나고 있다. 또 디젤 차량의 연료 필터에는 겨울에도 연료가 얼지 않도록 히터 장치가 되어 있고, 수분 감지 센서도 일체형으로 장착되어 나온다.

운전자는 연료 필터를 교체할 때 어셈블리로 교체할 것인지, 필터 엘리먼트만 교체할 것인지 결정해야 한다. 이 선택에 따라서 비용이 3배 정도 차이 나는데, 일반적으로 엘리먼트 교체 2회에 어셈블리도 1회 교체할 것을 권장한다. 연료 필터는 가솔린의 경우 주행 거리 60,000km, 디젤의 경우 30,000km가 평균적인 교체 시기이며, 운전자가 직접 교체하기에는 어려움이 있으므로 정비소에 의뢰하는 것이 바람직하다. 정비소에 의뢰할 때도 만약 필터 엘리먼트만 교체하면 작업 난도가 높아 기술료를 더 지불하게 되지만 전체 비용은 절약할 수 있다.

↑ 보쉬 제품 연료 필터

↑ 델파이 제품 연료 필터

TIP 디젤 연료 필터는 제조사마다 모양이 조금씩 다르다.

어셈블리 교체와 엘리먼트 교체의 차이

[UPGRADE]

디젤 차량의 보쉬 제품 연료 필터를 예로 들면 연료 필터 어셈블리는 엘리먼트, 수분 감지 센서, 플라이밍 펌프, 히팅 장치 등으로 구성되어 있으며, 엘리먼트만 교체한다는 것은 이외에 다른 부품은 그대로 사용한다는 뜻이다. 반면 어셈블리 교체는 관련된 모든 부품을 바꾸는 경우이다.

Owner Driver 17.

타이어(tire)

타이어의 역할

사람의 몸무게를 가장 아래쪽에서 받치고 있는 것은 신발이다. 그래서 사람은 어떤 신발을 신었는가에 따라 느껴지는 안정감이나 피로도가 다르다. 자동차 역시 마찬가지로, 승용차만 해도 약 1.5톤의 무게를 타이어 4개가 지탱하고 있는데, 고속으로 달릴 때 받는 하중을 생각하면 타이어가 얼마나 중요한지 새삼 느낄 수 있다. 그러나 자동차 운전자 중 운행 전 타이어를 확인하는 사람이 과연 몇 명이나 될까? 솔직히 말해 대부분의 운전자들은 타이어에 대해서 무관심하다고 해도 과언이 아니다.

타이어는 재질이 고무로 되어 있어 이른바 숙성 기간이 필요하다. 그래서 제조일로부터 6개월 정도 지난 제품이 최고의 성능을 발휘한다. 그렇다면 타이어는 어느 시점에 교체해야 하는지, 타이어의 공기압은 어떻게 맞추는지 살펴보자.

노후화에 의한 타이어 교체 시기

타이어 교체는 노후화한 경우와 손상에 의한 경우로 나누어 볼 수 있다. 타이어의 수명에 대해서는 의견이 분분하지만 50,000km 주행 후나 제조 후 4년 정도라고 보는 것이 적당하다. 타이어를 자세히 살펴보면 홈이 패여 있는 것을 알 수 있는데, 이를 '마모 한계선'이라고 부르며, 타이어 바깥쪽 면과 마모 한계선의 경계 구분이 없어지거나 홈의 깊이가 1.6mm 정도 남으면 타이어 교체 시기로 판단한다. 자동차 정비소에서는 보통 타이어 마모 게이지를 이용해 교체 시기를 판단하는 경우가 많다.

타이어는 생산 후 시간이 지날수록 노후화하므로 구입할 때 제조 일자를 꼭 살펴볼 필요가 있는데, 많은 정보가 표시되어 있는 타이어의 옆면에서 DOT(미국 운수성, Department Of Transportation) 번호 마지막 4자리를 확인하면 된다. 예를 들어 '3608'이라고 적혀 있다면 2008년 36주째에 생산한 제품이라는 뜻이다. 즉, DOT 번호 마지막 4자리에서 첫 번째 두 자리는 생산 주 차, 두 번째 두 자리는 생산 연도를 의미한다.

> **TIP** 국내 대부분의 타이어는 제조 일자가 한쪽 면에만 표시되어 있다.

↑ 타이어 마모 한계선

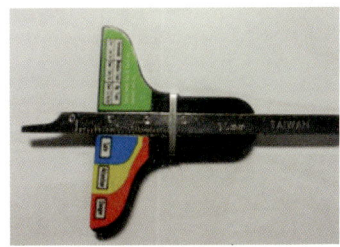

↑ 타이어 마모 게이지

↑ 타이어의 연식 표시

손상에 의한 타이어 교체 시기

타이어는 노면과 직접 접촉하는 부품이기 때문에 길에 떨어진 못이나 기타 날카로운 물건에 의해 손상을 입는 일이 많다. 타이어의 바닥면에 펑크가 난 경우라면 정비소에서 일명 '지렁이'라고 부르는 정비용품을 이용해 조치를 취하고 당분간 차량을 운행할 수 있다. 물론 임시조치이므로 안전을 위해서는 빠른 시일 내에 새 타이어로 교체하는 것이 바람직하다.

손상된 타이어의 바닥은 이런 조치가 가능하지만, 문제는 타이어 옆면이 손상되었을 경우다. 모퉁이를 돌거나 보도블록 위를 오르내릴 때 타이어의 옆면이 긁히며 펑크가 발생하곤 하는데, 타이어의 옆면이 펑크 나면 무조건 교체해야 한다. 그러니 운전자는 항상 무리한 주차, 주행을 자제하도록 하자.

타이어 사이즈와 공기압 확인하기

타이어의 사이즈는 다음과 같은 형식으로 표시되어 있는데, 각각의 표시는 어떤 의미를 담고 있는지 살펴보자.

> **185/75 R 14 87 V**
>
> ① 185 : 타이어의 폭(mm)
> ② 75 : 편평비[(단면 높이/단면 폭)×100]
> ③ R : Radial 타이어
> ④ 14 : 내경 표시(inch)
> ⑤ 87 : 하중 지수
> ⑥ V : 속도 지수(별도 테이블, V인 경우 240km)

타이어에 바람이 부족할 때는 정비소를 이용하면 된다. 타이어 바람 넣는 데 요금을 받는 정비소는 없을 테니까 말이다. 그러나 요즘은 타이어 공기 주입 장비를 비치해 둔 주유소가 많아 꼭 정비소에 가지 않고도 운전자가 직접 타이어에 바람을 넣을 수 있으니 타이어 공기압 맞추는 방법은 자세히 알아 두는 것이 좋다. 자신의 자동차 타이어에 일마큼의 바람을 넣어야 하는지는 자동차 운전자 매뉴얼에도 나와 있지만, 차량 자체에도 표시되어 있다. 운전석 문을 열면 다음과 같이 타이어 표준 공기압 스티커가 붙어 있는 것을 볼 수 있다.

7	타이어 표준 공기압 (주행 전 상태)	
타이어 크기	타이어 공기압 kPa(psi)	
	전 륜	후 륜
P215/65 R15 95H	210(30)	210(30)
P215/60 R16 94H	210(30)	210(30)
P225/50 R17 93H	210(30)	210(30)

타이어 점검 및 공기 주입하기

타이어 점검은 크게 마모 점검과 공기 주입으로 나눌 수 있다. 마모의 경우 타이어에 표시된 마모 한계선까지 얼마나 남아 있는지, 균일하게 마모가 되었는지, 편마모는 없는지 확인하면 되는데, 만약 타이어가 한 쪽만 마모되었다면 전 차륜 정렬(얼라이먼트) 불량을 의심할 수 있다.

또 타이어에 공기가 많으면 타이어의 중앙부에 심한 마모가 발생하고, 반대로 공기가 적으면 타이어의 바깥쪽에 마모가 발생하므로 이런 경우 타이어의 공기압을 점검해 봐야 한다. 타이어의 공기압을 맞추는 방법은 다음과 같다.

1 평평한 지대에 자동차를 주차한다.

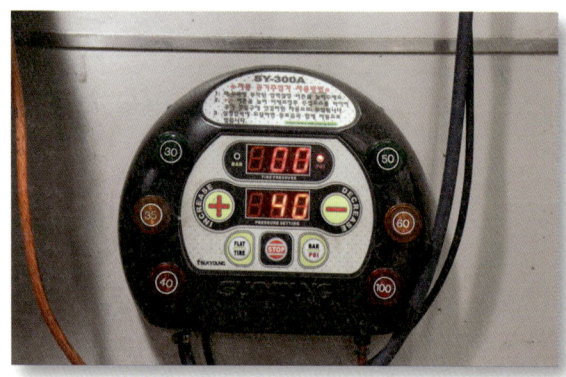

2 공기압 게이지에서 '+', '−' 버튼을 눌러 자신의 차 타이어에 맞는 수치를 세팅한다.

3 타이어 공기 주입구의 마개를 손으로 돌려 연다.

4 타이어 공기 주입기에 호스를 결합하면 미리 설정한 수치만큼 자동으로 공기가 주입되거나 빠진다.

↓ 다양한 자동차의 휠

Owner Driver 18.

브레이크 패드(brake pad)

브레이크 패드의 역할과 정비 포인트

앞서 브레이크 오일을 설명하면서 브레이크의 중요성에 대해 잠깐 언급했다. 브레이크 오일이 페달의 힘을 전달하는 매개체라고 보면, 최종적으로 차량을 멈추게 하는 것은 브레이크 디스크와 패드이다. 운전자가 브레이크를 밟으면 이 두 부품이 맞물리면서 마찰이 생기고 자동차가 멈추는데, 브레이크 패드는 계속되는 마찰로 인해 조금씩 소모된다.

브레이크 교체 시기는 패드 마모 상태를 직접 육안으로 확인한 후 결정한다. 일반적으로 브레이크 패드가 3mm 이하로 남은 경우 교체해야 하며, 패드 교체 시기를 놓쳐서 디스크가 손상되면 더 큰 비용을 지출해야 하니 주의하도록 하자.

↑ 캘리퍼와 디스크

브레이크 패드는 마찰재의 구성 재료에 따라 딱딱한 것과 조금 부드러운 것이 있다. 딱딱한 것은 약간의 소음을 감수해야 하고, 부드러운 것은 상대적으로 소음이 적은 대신 빨리 닳아 교체 주기가 짧다는 단점이 있다. 브레이크 패드 마찰재는 1세대 석면계(asbestos, 1960년), 2세대 세미 메탈릭(semi-metalic, 1980년) 및 로 스틸계(low steel, 1990년), 3세대 논-스틸계/NOA계(non steel/non asbestos organic)로 진화되었다. 석면계 패드의 경우 최근에는 환경 규제로 인하여 거의 사용하지 않으며 세미 메탈릭계, 로 스틸계, 논-스틸계 등이 주로 사용되고 있다. 가격은 논-스틸계가 조금 비싸다.

↑ 브레이크 패드와 디스크

↑ 캘리퍼

브레이크 패드를 교체할 때는 브레이크 패드와 마찰을 일으키는 브레이크 디스크도 함께 점검해야 한다. 자동차의 제동 능력은 패드와 디스크가 같이 영향을 미치기 때문인데, 잦은 마찰로 디스크에 손상이 발생할 경우 디스크를 교체하거나 연마기로 연삭을 해야 한다.

브레이크 패드 점검하기

브레이크 패드는 두께를 점검하여 한계 값인 3.0mm 이하일 경우 교체해야 한다. 물론 일상 점검에서 패드의 두께를 정확히 측정하기는 어려운 점이 있지만 육안으로도 충분히 마모 상태를 확인할 수 있다. 또 브레이크 디스크의 경우 녹의 발생 여부, 균열, 긁힘, 홈 등을 확인하면 된다.

1 자동차 바퀴의 휠 사이로 캘리퍼의 위치를 확인한다.

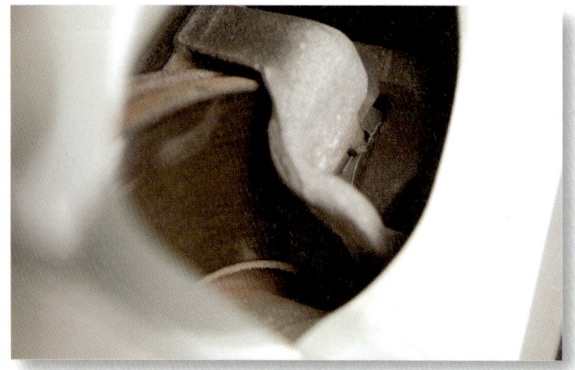

2 휠 사이로 자세히 들여다보면 브레이크 디스크와 맞닿아 있는 패드의 잔여량을 확인할 수 있다.

■ 브레이크 패드 정상 상태

■ 브레이크 패드 교체가 필요한 상태

Owner Driver 19.

로어 암 & 어퍼 암(lower arm & upper arm)

로어 암 & 어퍼 암의 역할과 종류

컨트롤 암(control arm)은 자동차 본체와 바퀴를 연결하는 부품이며, 서스펜션 암(suspension arm)이라고도 부른다. 서스펜션(현가 장치)은 노면에서 발생하는 충격을 완화시키는 역할을 하는데, 스프링 쇼크 업소버, 암 등으로 구성되며, 양쪽 바퀴가 함께 작동하는 일체식, 따로따로 작동하는 독립 현가식으로 나눌 수 있다. 승용차의 경우 대부분 독립 현가식이라고 보면 된다. 독립 현가식도 암의 형태에 따라 스트러트(맥퍼슨)식, 더블 위시본식, 멀티링크식으로 구분되고, 최근에는 앞쪽과 뒤쪽이 모두 더블 위시본 타입인 차종이 주류를 이루고 있다. 스트러트(맥퍼슨) 타입은 과거에 출고된 차량 앞바퀴에 많이 사용되었으나 최근 차량에서는 거의 보기가 힘들어졌다. 또 멀티링크 타입은 주로 후륜에 사용하고 전륜에는 잘 사용하지 않는다. 일반인들은 이처럼 다양한 암의 종류에 대해 자세히 알아야 하는 것은 아니고, 내 차의 앞바퀴와 뒷바퀴 방식이 어떤 타입인지 정도만 알고 있으면 된다.

> **TIP** 내 차 앞바퀴와 뒷바퀴 방식은 '차량 운전자 안내서'의 차량 제원표에 표시되어 있다. 만약 내 차가 앞바퀴는 더블 위시본 타입, 뒷바퀴는 멀티링크 타입이라면 앞바퀴, 뒷바퀴 모두 로어 암과 어퍼 암이 있다고 생각하면 된다.

> **TIP** 위시본 방식과 멀티링크 방식은 위, 아래에 두 개의 암이 있고, 스트러트(맥퍼슨) 방식은 아래에만 암이 있는 것으로 이해하면 된다.

↑ 앞바퀴 어퍼 암(더블 위시본 방식)

↑ 앞바퀴 로어 암(더블 위시본 방식)

↑ 뒷바퀴 로어 암(멀티링크 방식)

로어 암 & 어퍼 암 점검하기

자동차의 연식이 오래되면 차량 하부에서 '찌그덕, 찌그덕' 하는 소리가 들린다. 이는 대부분 로어 암의 '부싱'이라는 부품이 노후화하여 발생하는 소음인데, 만약 차에서 이런 소리가 들린다면 정비소를 방문하여 차를 리프트로 들어 올렸을 때 꼭 로어 암과 어퍼 암을 점검해 보자.

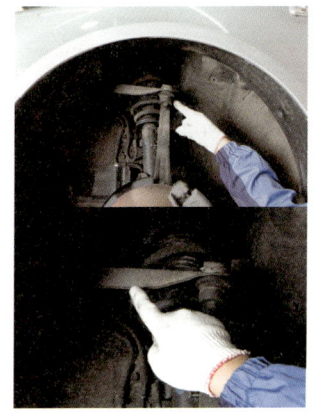

[UPGRADE]

로어 암의 종류

암의 모양은 자동차 종류에 따라 각각 다르다.

　로어 암은 차량 하부에 설치되어 너클을 받쳐 주는 역할을 하며, 너클과 연결부에는 고무 재질의 부싱, 볼 조인트가 있어 차체의 충격을 감소시키고 하체의 움직임을 자유롭게 이어 준다. 로어 암 점검은 각 부싱의 균열 및 파손 등이 없는지를 살펴보면 된다.

133
Mechanic Part 03

Owner Driver 20.

쇼크 업소버(shock absorber)

쇼크 업소버의 역할과 정비 포인트

자동차가 주행하는 모든 길이 고르게 평탄한 것은 아니다. 울퉁불퉁한 길도 있고, 과속 방지턱이 많이 솟은 길도 있고, 심지어 비포장도로도 있다. 차가 주행할 때 노면 굴곡에 따른 흔들림을 소멸시켜 승차감을 향상시키는 장치가 스프링과 쇼크 업소버(shock absorber)이다.

   스프링은 어릴 적 가지고 놀던 그 스프링을 생각하면 되는데, 손으로 눌렀다가 떼면 누른 힘이 사라질 때까지 위아래로 출렁거리다가 멈추는 특성을 가지고 있다. 자동차의 스프링도 이와 마찬가지로 차가 약간 돌출된 노면을 지날 때 생기는 상하 진동을 완충시키는 작용을 한다. 그런데 스프링만으로 노면의 굴곡을 제어한다면 운전자의 몸이 계속해서 상하로 움직일 것이다. 그래서 이를 보완하기 위해 만들어진 장치가 쇼크 업소버이다.

↑ 앞바퀴 쇼크 업소버 & 스프링 일체형

↑ 뒷바퀴 쇼크 업소버 & 스프링 분리형

← 쇼크 업소버 마운틴

　승용차에 쇼크 업소버는 전, 후, 좌, 우 총 4개가 부착되어 있고, 내부의 오일 누유와 이음 발생으로 인한 소음을 기준으로 교체 여부를 결정하게 된다.

　쇼크 업소버의 종류로는 크게 유압식, 가스식, 가변식이 있으며, 최근에는 가변식이 많이 사용되고 있다. ECS(전자 제어 서스펜션, electronic control suspension)는 차량의 속도 및 상태에 따라 승차감과 코너링을 제어하는 것으로 저속에서는 부드럽게, 고속에서는 딱딱하게 만드는 등 진동 흡수의 수준을 조절한다.

↑ 쇼크 업소버

TIP 쇼크 업소버를 스트러트(strut)라는 용어로도 사용하는 경우가 많지만 엄밀히 따졌을 때 스트러트는 쇼크 업소버의 윗부분이 차체에 연결되어 차량의 무게를 지탱하는 것을 말한다.

쇼크 업소버 점검하기

1. 오일의 누유가 없는지 육안으로 확인한다.

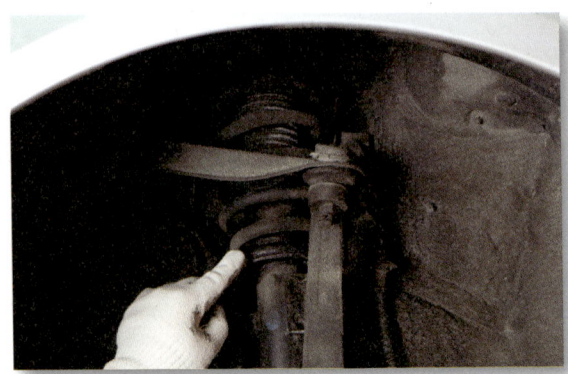

2. 쇼크 업소버에 균열, 변형, 외부 손상 등이 없는지 점검하는데, 이상이 있을 경우 교체가 필요하다.

> **TIP** 쇼크 업소버가 정상적으로 작동하지 못하면 승차감이 떨어지고 소음이 발생하며, 주행 중 차량이 한쪽으로 기울어지거나 롤링(휘청거리는) 현상이 나타날 수 있다.

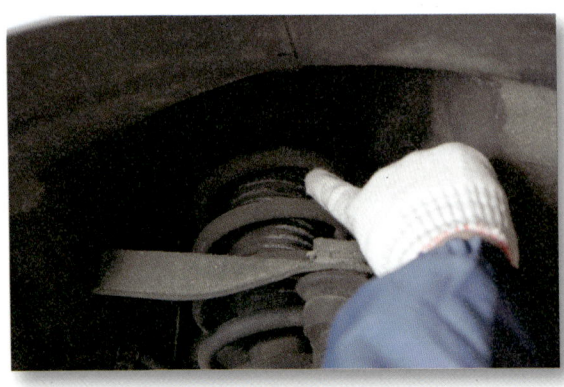

3. 차체를 흔들었을 때 차의 흔들리는 정도를 보고 쇼크 업소버 상태를 확인하는 방법도 있는데, 차가 2~3회가량 흔들리면 정상이지만 만약 심하게 흔들린다면 쇼크 업소버 불량을 의심할 수 있다.

주요 정비 소모품의 교체 주기

Professional Page

항목	교체 주기		
	A정비소	B정비소	C정비소
엔진 오일	5,000~7,000km(광유)	5,000km	5,000km
오토미션 오일	30,000~40,000km	–	40,000km
파워 오일	40,000~50,000km	–	40,000km
브레이크 오일	30,000~40,000km	20,000km	40,000km
냉각수(부동액)	2년	40,000km	2년, 40,000km
배터리	3년	100,000km	2~3년
구동 벨트	30,000~40,000km	20,000km	40,000km
타이밍 벨트	60,000~80,000km	70,000km	70,000~80,000km
헤드 커버 개스킷	누유	–	–
점화 플러그	30,000km(일반) 80,000km(백금) 160,000km(이리듐)	20,000km(플러그) 40,000km(배선)	40,000km
연료 필터	60,000km(가솔린) 30,000km(커먼레일)	20,000km	40,000~60,000km(가솔린) 20,000km(디젤)
타이어	50,000km	–	–
브레이크 패드	3mm 이하(패드) 1mm 이하(라이닝)	20,000km(패드) 40,000km(라이닝)	20,000~30,000km(패드) 40,000~50,000km(라이닝)
로어 암/어퍼 암	부싱 마모, 소음	–	–
드라이브 샤프트	부츠 파손, 소음	100,000km	–
쇼크 업소버	누유 및 소음	50,000km	–
머플러	파손, 소음	40,000km	–
전조등/미등	단선, 깨짐	–	작동 불량 시
브레이크 등	단선, 깨짐	–	작동 불량 시
에어컨 필터	6개월/10,000km	–	5,000~15,000km

Owner Driver 21.

드라이브 샤프트(drive shaft)

드라이브 샤프트의 역할과 정비 포인트

↑ 차량 하부의 드라이브 샤프트 위치(언더 커버 탈거 상태)

드라이브 샤프트(drive shaft)는 엔진의 구동력을 바퀴에 전달해 주는 역할을 하는 부품이며, CV 조인트(CV joint), 등속 조인트, 조인트라고도 부른다. 사람의 몸에 비유하자면 무릎과 같은 역할을 한다고 볼 수 있는데, 무릎에 뼈와 뼈를 연결하는 연골이 있듯이 드라이브 샤프트에도 연골의 역할을 하는 중요한 연결부가 있다. 드라이브 샤프트의 연결 부위에는 특수 그리스가 채워져 있으며, 이 그리스를 이물질로부터 보호하기 위해 연결 부위를 에워싸고 있는 것이 드라이브 샤프트 부츠(고무 부츠)이다. 차량이 노후화하면 이 고무 부츠가 찢어지고 특수 그리스가 외부로 노출됨에 따라 이물질이 침투해 드라이브 샤프트가 제 기능을 못하게 된다.

전륜 구동 차량에는 앞쪽에 두 개의 드라이브 샤프트가 있고, 후륜 구동 차량에는 뒤쪽에 두 개의 드라이브 샤프트가 있다. 또 대부분의 사륜구동

↑ 정상 상태의 드라이브 샤프트

차량에는 앞뒤 합하여 모두 4개의 드라이브 샤프트가 있다. 운행 중 유턴을 하는데 자동차 아래쪽에서 '드르륵'하는 소음이 발생한다면 드라이브 샤프트의 손상을 의심해 봐야 한다. 그러나 운전자가 리프트 없이 드라이브 샤프트를 점검하는 것은 어려운 일이므로 자동차 정비소를 방문할 때마다 꼭 드라이브 샤프트 고무 부츠의 파손 정도를 확인하도록 하자.

최근 환경에 대한 문제가 중요하게 떠오르자 정부 차원에서 자원 재활용을 적극 독려하고 있는데, 드라이브 샤프트는 재제조(remanufacturing) 상품이 가장 많이 유통되고 있는 자동차 품목 중 하나이다. 사실 외형, 품질적으로 신품과 재제조 상품의 차이는 크지 않다. 재제조 상품의 경우 품질 면에서는 신품의 80~90% 수준이며, 가격은 50% 정도 저렴하다. 드라이브 샤프트를 교체할 때 신품을 구입할 것인지, 재제조 상품을 구입할 것인지는 운전자 스스로가 경제적인 여건과 차량 상태를 고려하여 잘 판단하면 된다.

앞바퀴에는 큰 조향각을 이루는 버필트형(고정밀, 고정형 드라이브 샤프트), 뒷바퀴에는 허용 각도가 작지만 축 방향으로 신축 가능한 트리포트형(간단, 슬립형 드라이브 샤프트)을 사용하는 것이 일반적이다.

↑ 파손된 드라이브 샤프트 고무 부츠

드라이브 샤프트 점검하기

1 드라이브 샤프트를 축 방향으로 흔들었을 때 유격이 있는지 점검한다.

TIP 정비소에서 자동차의 부품을 교체했다면 정비 명세서를 자세히 살펴보자. 재제조 부품을 사용한 경우 사용 부품 종류란에 '재제조'라고 표시되어 있을 것이다.

2 드라이브 샤프트의 고무 부츠가 찢어졌거나 균열이 생기지 않았는지 육안으로 점검한다.

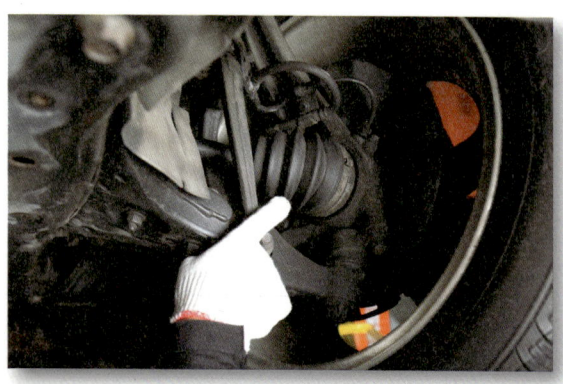

3 드라이브 샤프트를 점검할 때 진동이나 소음이 있는 경우 체결 볼트를 재조립하고 동일 현상이 나타나는지 확인해야 한다. 만약 동일 현상이 나타난다면 드라이브 샤프트 어셈블리로 교체하도록 한다.

Owner Driver 22.

머플러(소음기, muffler)

머플러의 역할과 정비 포인트

우리 몸은 배설이 잘되지 않아 변비가 생기면 능률이 떨어지고 고생스럽다. 자동차도 마찬가지로 배기가스가 잘 빠지지 않으면 차에 문제가 발생하는데, 흔히 머플러에 의해 차량 출력이 받는 영향은 약 15%라고 말한다. 머플러의 가장 큰 역할은 소음을 줄이는 것으로, 배출 가스가 머플러 내의 여러 필터를 거치면서 소음이 줄어드는 방식이다. 그래서 머플러를 메인 사일런스(main science, 소음기)라고 부르기도 하지만, 출력을 높이려고 머플러의 성능을 현저히 떨어뜨리면 경주용 자동차들처럼 차에서 굉음이 발생한다.

주행 중인 차량의 머플러 끝에서 물이 또르르 떨어지는 것을 본 적이 있을 것이다. 이는 공기와 연료가 섞여 있는 혼합기가 연소하여 생기는 정상적인 물이지만, 이렇게 생긴 물은 강한 산성을 포함하기 때문에 머플러를 부식시키는 원인이 된다. 머플러를 잡고 흔들었을 때 내부에서 부품이 흔들리는 느낌이 들거나 소음이 발생하면 부식을 의심할 수 있는데, 머플러가 부식되면 외관에도 구멍이 생기는 경우가 있다.

최근에는 알루미늄이나 티타늄 등으로 만들어진 비싼 튜닝 머플러들이 사용되기도 한다. 이러한 제품은 엔진의 고속 회전 영역에서 배기 흐름이 좋아 마니아들 사이에 선호도가 높지만, 기본적으로 소음도 효과적으로 줄이고 배기가스도 잘 빠져나가게 하는 제품이 우수한 머플러라고 할 수 있다.

↑ 머플러(차량 하부)

삼원 촉매 장치(three way catalytic converter)

[UPGRADE]

머플러와 엔진 사이에는 삼원 촉매 장치라는 것이 있는데, 배기가스에 포함된 3가지 유해 물질(CO, HC, NOx)을 촉매제(자신은 변하지 않고 다른 물질의 화학적 변화를 돕는 물질)를 사용하여 무해한 CO_2, H_2O, N_2로 변환시키는 장치이다.

머플러 점검하기

1 배기음을 통해 평상시보다 소음이 커졌는지, 이상 소음은 없는지 확인한다.

2 머플러를 툭툭 쳤을 때 안에서 달그락 소리가 나면 머플러 내부가 손상되었거나 외부에 균열이 발생한 것으로 판단할 수 있다.

정상적인 자동차는 배기가스가 무색이거나 연한 청색을 띤다. 그런데 만약 머플러에서 흰색 연기가 나온다면 엔진 오일이 연소실에서 연소되고 있는 것을 의심할 수 있다. 또 머플러에서 검은색 연기가 나온다면 불완전 연소가 일어나고 있는 것이고, 배출 가스가 역하거나 축축하다면 엔진 관련 계통에 문제가 생겼을 가능성이 높으니 가까운 정비소를 방문하여 점검을 받도록 한다.

머플러에서 흰 연기가 나오는 이유

도로를 주행하다 보면 앞차의 머플러에서 흰색 연기가 나오는 것을 목격할 때가 있다. 이런 증상은 엔진 내의 고무류 부품인 실(seal)이 심한 마모, 변형, 탄력성을 잃었을 경우 이로 인해 엔진 오일이 엔진 연소실로 누유, 연료와 함께 연소되며 발생하는 현상이다.

연소실은 연료, 공기, 전기가 만나 엔진이 운동성을 가질 수 있게 하는 곳인데, 여기로 엔진 오일이 흘러 들어가면 연소 효율이 저하되고, 피스톤 등에 슬러지가 빠르게 흡착하면서 고착화된다. 또 누유가 되며 흘러 들어간 엔진 오일은 연소실의 폭발 열에 의해 기화되면서 연기의 형태로 머플러를 통하여 배출된다. 사실 연소실로 엔진 오일이 누유되는 것은 매우 큰 문제라고 할 수 있다. 이렇게 되면 연소실이 제 기능을 하지 못할 뿐만 아니라 가속 페달을 밟아도 가속성이 저하되고 자연적으로 연비가 떨어진다. 특히 이 상태를 방치할 경우 피스톤 표면에 슬러지가 고착화되어 폭발력까지 저하시키는 원인이 되기도 한다.

시중에서 판매되는 성능 좋은 엔진 오일 누유 방지제를 주입하면 대부분의 누유 현상을 제어할 수 있다. 또 피스톤의 슬러지 제거를 위해 연소실 클리닝 제품을 추가적으로 주입할 경우 대부분의 문제가 해소된다. 가장 이상적인 예방법은 신차 또는 주행 거리 20,000km 내외일 때부터 실 성능 강화용 제품을 주입해 두는 것인데, 이렇게 하면 주행 거리가 늘어날수록 일반 차량과 큰 차이를 보이게 된다. 실은 엔진의 부품 중 매우 중요한 기능을 하는 요소라는 것을 기억하자.

Professional Page

엔진 오일 누유 방지제 주입하기

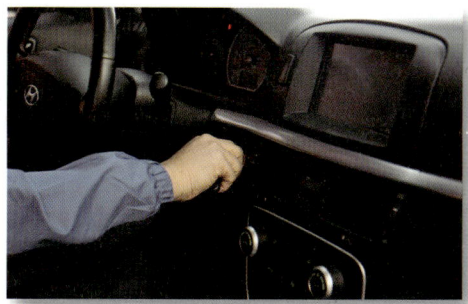

Step 1 자동차의 시동을 끈다.

Step 2 보닛을 열고 엔진 룸 안의 엔진 오일 필러 캡을 시계 반대 방향으로 돌려서 연다.

Step 3 엔진 오일 누유 방지제를 주입한다.

Step 4 엔진 오일 필러 캡을 꼭 닫는다.

TIP 각 제품별로 설명서를 참조하여 적정량의 엔진 오일 누유 방지제를 주입하도록 한다.

주의 누유 방지제 주입으로 인해 엔진 오일의 양이 보충 한계선을 초과했다면 엔진 오일을 배출하여 규정량에 맞도록 조절해야 한다.

Owner Driver 23.

전조등 & 미등 (head & tail lamp)

전조등 & 미등의 역할과 정비 포인트

전조등은 흔히 헤드라이트(headlight)라고 부르고, 미등은 테일 라이트(tail light), 테일 램프(tail lamp), 후미등이라고 부른다. 자동차의 전면에 부착된 전조등은 먼 곳을 비추기 위한 상향등, 가까운 곳을 비추기 위한 하향등 두 가지 모드로 구성되어 있으며, 전조등 외에도 차폭등, 방향 지시등(노란색), 미등(흰색)이 차량의 전면에 부착되어 있다.

전조등에 사용하는 전구는 보통 60/55W인데, 간혹 더 밝은 빛을 원하는 일부 운전자가 100/90W 정도 되는 전구를 임의대로 장착하는 경우가 있다. 그러나 용량을 초과하는 전구를 장착하면 퓨즈가 끊어지는 대신 소켓이 타 버리는 문제가 발생하므로 반드시 적정 용량의 전구를 사용해야 한다.

↑ 자동차의 전조등

TIP 차량에 따라 방향을 바꿀 때 사용하는 방향 지시등이 전조등과 별도로 분리되어 있는 경우도 있다.

자동차를 운행할 때 전조등은 하향등을 켜고 다니는 것이 일반적인데, 이는 앞차 그리고 반대 방향에서 오는 차량의 시야를 배려하기 위한 운전 예절이다. 단, 한적한 시골길이나 차량의 통행이 뜸한 길에서는 상향등(하이빔, hi-beam)을 켜고 달리는 것이 오히려 안전을 위해 바람직하다는 걸 잊지 말자.

↑ 자동차의 후미등

　자동차의 뒤쪽에는 차량이 후진할 때 점등되는 후진등(백업 램프), 제동할 때 점등되는 제동등(브레이크 램프), 방향을 바꿀 때 점등되는 방향 지시등과 같이 여러 가지 목적의 전구가 함께 있어 (리어)콤비네이션 램프(combination lamp)라고 부른다. 이들 중 라이트를 켜면 들어오는 미등은 브레이크를 밟을 경우 더 환하게 밝아지는 더블 전구를 사용하고, 제동등은 빨간색, 후진등은 하얀색, 방향 지시등은 노란색 전구를 기본으로 사용한다.

자동차에 사용하는 전구의 종류

자동차에 사용하는 전구의 종류는 크게 3가지로 구분할 수 있다.

전조등	더블 전구	싱글 전구
12V 60 / 55W	12V 5W / 21W	12V 21W
(앞) 헤드라이트	(뒤) 브레이크등, 후미등	(앞) 방향 지시등 (뒤) 후진등, 방향 지시등

전조등은 소켓 연결 부위의 모양에 따라 H4(3핀, 한 개의 전구로 상향·하향 사용), H7(2핀, 두 개의 전구로 안쪽이 상향, 바깥쪽이 하향, H1/H3/H8도 같은 형태), HID(고휘도 방전등, High Intensity Discharge)로 구분할 수 있다. 최근에는 운전자의 선호도가 높아 HID 전구를 사용하는 경우가 많은데, HID가 기본으로 장착 출시되는 차량은 합법이지만 시중에서 HID 전구를 구입하여 교체하는 경우 단속 대상이 되므로 주의해야 한다.

TIP HID가 기본 장착된 차량은 승차 인원과 적재 하중, 노면 상태에 따라 전조등의 높이가 자동으로 조절되는 오토 레벨링 장치가 설치되어 있기 때문에 마주 오는 차량이나 보행자의 시야를 방해하지 않는다.

전조등 퓨즈 점검하기

전조등, 방향 지시등, 제동등 같은 등화 장치에 문제가 발생했다면 원인은 둘 중 하나다. 전구의 수명이 다했거나 퓨즈가 끊어졌을 경우인데, 전조등이 양쪽 다 안 들어온다면 우선 퓨즈가 끊어졌는지부터 확인해 봐야 한다.

1 자동차의 보닛을 열고 엔진 룸에서 퓨즈 박스의 위치를 확인한다.

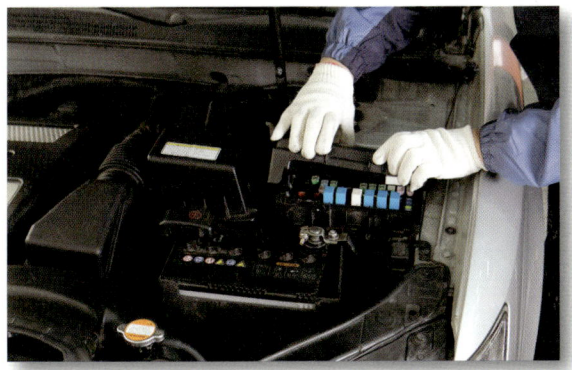

2 퓨즈 박스의 덮개를 연다.

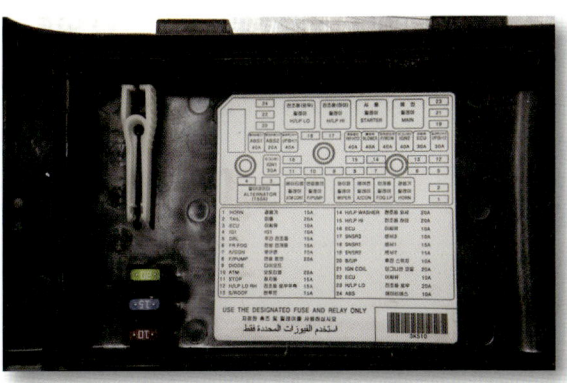

3 퓨즈 박스 안쪽에 표시되어 있는 퓨즈 배치도 중 전조등 퓨즈의 위치를 찾는다.

4 퓨즈 배치도를 참고하여 퓨즈 박스 안의 전조등 퓨즈 위치를 확인한다.

5 퓨즈 박스 안의 제거 핀을 이용하여 전조등 퓨즈를 뽑아낸다.

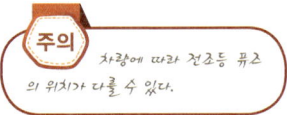

주의 차량에 따라 전조등 퓨즈의 위치가 다를 수 있다.

6 전조등 퓨즈가 끊어졌는지 자세히 확인한다.

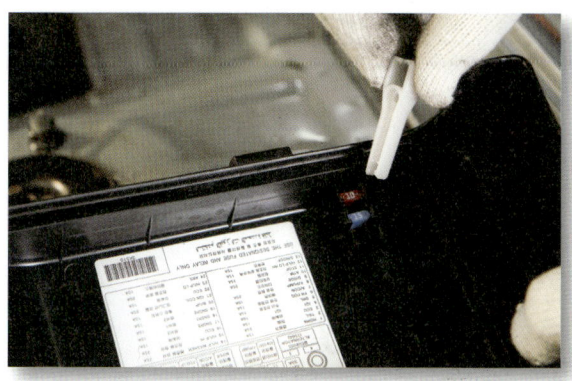

7 퓨즈가 끊어졌다면 예비 퓨즈로 교체해야 한나.

TIP 만약 예비 퓨즈가 없을 경우 자동차 주행에 지장이 없는 오디오, 와이퍼 등의 퓨즈를 임시로 사용할 수 있다. 단, 반드시 전조등 퓨즈와 같은 용량의 퓨즈로 대체해야 한다.

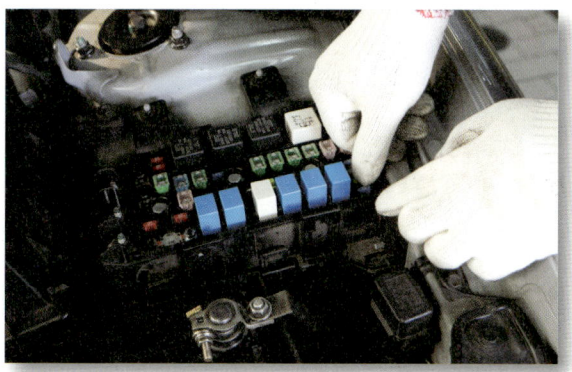

8 전조등 퓨즈의 위치에 새 퓨즈를 꼽는다.

주의 같은 용량의 퓨즈가 없을 경우 전조등 퓨즈보다 낮은 암페어의 퓨즈를 사용하는 것은 괜찮지만, 큰 용량의 퓨즈는 화재를 발생시킬 위험이 있으므로 절대 사용하지 않도록 한다.

9 퓨즈 박스의 덮개를 닫는다.

전조등 전구 교체하기

1 전조등이 들어오지 않아서 퓨즈를 점검했는데 퓨즈에도 이상이 없다면 전구를 직접 확인해 봐야 한다.

> **TIP** 전조등이 한쪽만 안 들어온다면 퓨즈보다 전구의 문제일 가능성이 높다. 또 꼭 전조등이 안 들어올 때뿐만 아니라 어둡게 느껴질 경우에도 과감히 전구를 교체하는 것이 안전을 위해 바람직하다.

2 엔진 룸 앞쪽 전조등 전구 커버를 손으로 돌려서 연다.

3 전구에서 배선 커넥터를 분리한다.

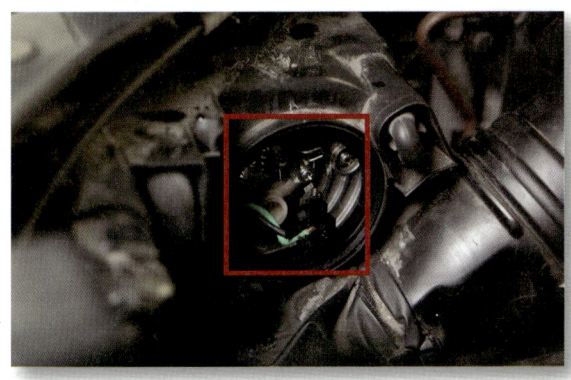

4 전구가 클립으로 고정되어 있는 것을 확인할 수 있다.

5 클립을 해제하여 고정된 전구를 자유롭게 한다.

6 수명이 다한 전구를 헤드라이트에서 빼낸다.

7 새 전구를 정확한 위치에 갈아 끼운다.

8 클립으로 전구를 고정한다.

9 배선 커넥터를 전구에 결합한다.

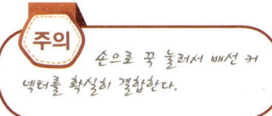

주의 손으로 꾹 눌러서 배선 커넥터를 확실히 결합한다.

10 전구 커버를 손으로 돌려서 닫는다.

> **TIP** 양쪽 전구가 모두 안 들어올 경우 반대쪽도 같은 방법으로 교체하면 된다.

11 전조등을 켜서 정상적으로 작동하는지 확인한다.

전구 교체 시 주의할 점

[UPGRADE]

전구를 만질 때 유리 부분을 맨손으로 직접 만지지 않도록 주의한다. 전구에 지문이 찍히거나 기타 이물질이 묻으면 전구의 성능과 수명에 영향을 미칠 수 있고, 방금까지 사용한 뜨거운 전구의 경우 손에 화상을 입힐 수 있으니 각별히 조심해야 한다.

Owner Driver 24.

브레이크 등 (brake lamp)

브레이크 등의 역할과 정비 포인트

자동차에 설치되어 있는 전구들은 각자의 역할이 있기에 하나하나 모두 소중하지만, 그 중에서도 특히 중요한 전구가 브레이크 등이다. 뒤차의 운전자에게 내 차의 정지 상태를 알려 추돌 상황을 방지하는 역할을 하기 때문인데, 브레이크 등은 운전자가 스스로 관심을 가지지 않으면 불이 들어오는지 안 들어오는지 알 수가 없다. 실제로 야간에 지나가는 차들을 유심히 살펴보면 한쪽 브레이크 등이 나간 상태로 운행하는 차들을 쉽게 볼 수 있다. 브레이크 등이 안 들어오거나 한쪽만 들어오는 상황은 뒤차의 운전자가 브레이크 밟는 타이밍을 지연시켜 사고를 유발하므로 각별히 주의해야 한다.

브레이크 등에 사용하는 전구는 더블 전구로 유리 안을 자세히 들여다 보면 필라멘트가 두 개인 것을 알 수 있다. 이 전구는 소켓에 끼우는 부분도 접촉면이 두 개로 분리되어 있으며, 좌우가 달라 전구를 교체할 때 알맞게 장착해야 정상적으로 작동한다.

↑ 브레이크 등 전구

자동차에서 사용하는 기타 전구

[UPGRADE]

자동차에는 앞서 살펴본 전구 외에도 번호등, 펜더에 부착된 방향 지시등, 계기판용 전구 등이 있다.

↑ 실내등용 전구   ↑ 번호등용 전구

브레이크 등의 전구 교체하기

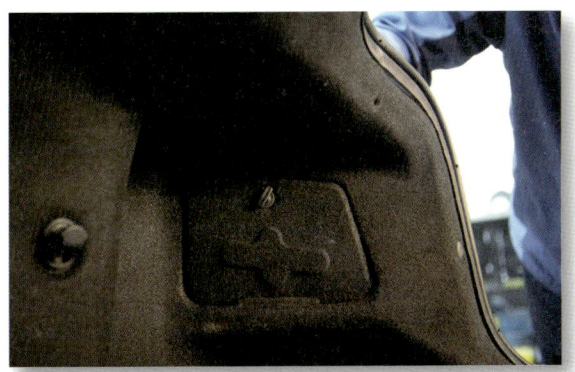

1 트렁크를 열고 트렁크 안쪽 전구 커버의 위치를 확인한다.

브레이크 전구 교체하기 →

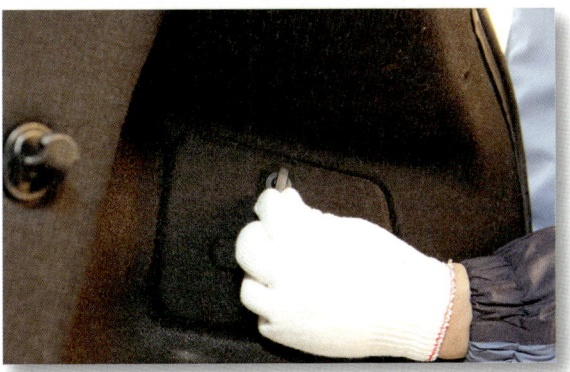

2 전구 커버를 고정하고 있는 나비 너트를 시계 반대 방향으로 돌려 전구 커버를 연다.

3 전구의 소켓이 나타나는 것을 알 수 있다.

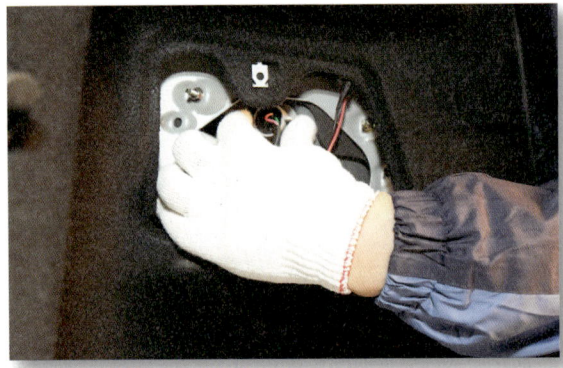

4 전구의 소켓을 시계 반대 방향으로 돌려서 테일 램프로부터 분리한다.

5 소켓에서 전구를 분리한 후 새 전구로 교체한다.

6 새 전구로 갈아 끼운 소켓을 원래의 위치로 다시 결합시킨다.

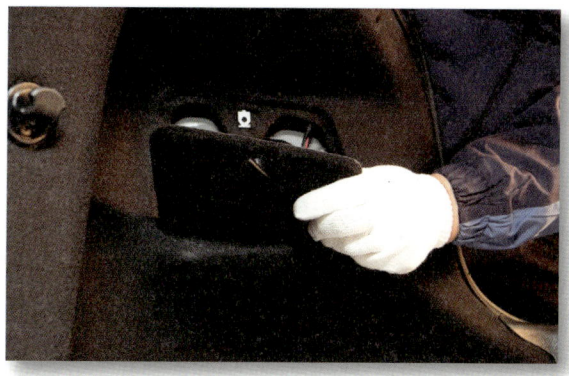

7 전구 커버를 장착한다.

8 브레이크를 밟아서 브레이크 등이 정상적으로 작동하는지 확인한다.

Owner Driver 25. 주행 중 타이어가 펑크 났을 때
  Professional Page 고속도로에서 응급 상황 발생 시 기본 조치 단계
Owner Driver 26. 배터리가 방전되어 시동이 안 걸릴 때
Owner Driver 27. 엔진이 과열되어 오버 히트 현상이 발생할 때
Owner Driver 28. 비 오는 날 와이퍼가 작동하지 않을 때
Owner Driver 29. 비 오는 날 창에 서리가 껴서 밖이 잘 안 보일 때
  Professional Page 자동차 부품의 현장 용어
Owner Driver 30. 야간에 전조등이 안 켜질 때
Owner Driver 31. 겨울철에 자동차 열쇠 구멍이 얼어서 키가 안 들어갈 때
Owner Driver 32. 리모컨 키가 작동하지 않을 때
  Professional Page 차량에 부착되어 있는 스티커
Owner Driver 33. 타이어가 웅덩이에 빠져 헛바퀴만 돌 때
Owner Driver 34. 야간 운행 중 갑자기 전조등이 어두워질 때

04

Mechanic Part
10가지 응급 상황, 10가지 긴급 조치

운전 경력이 많아질수록 갖가지 응급 상황을 겪게 마련이다. 전혀 예상치 못한 상태에서 돌발 상황이 발생하면 아무리 베테랑 운전자라 할지라도 당황할 수밖에 없는데, 사전에 대처 방법을 알고 있지 않으면 자칫 사고로 이어지거나 큰 낭패를 볼 수도 있다. 이제부터 자동차를 운전하는 동안 가장 빈번하게 발생하는 10가지 응급 상황에는 어떤 것이 있는지 알아보고, 각 상황별 긴급 조치 방법에 대해 자세히 배워 보자.

Owner Driver 25.

주행 중 타이어가 펑크 났을 때

주행 중 타이어가 펑크 나면 누구라도 당황하지만 그럴수록 침착하게 행동해야 한다. 급한 마음에 급브레이크를 밟을 경우 차량이 미끄러져 사고로 이어질 수 있으니 절대 핸들을 놓치지 말고 꽉 잡아 직진 상태를 유지하도록 하자. 그런 다음 비상등을 켜고, 엔진 브레이크(변속기를 주행 속도보다 저단으로 변경)를 사용하여 천천히 차량의 속도를 줄이며 안전한 곳에 주차시켜야 한다. 단, 고속도로를 주행하는 중에 타이어 펑크가 발생한 경우라면 무리하게 정차하지 말고 안전 지역까지 차량을 이동한 후 다음 조치를 취하는 것이 좋다. 간혹 고속도로 갓길에서 비상등만 켠 채 펑크 난 타이어를 교체하는 사람들이 있는데, 이는 자칫 대형 사고로 이어질 수 있는 위험천만한 일이다.

타이어 펑크 외에도 고속도로에서 차량이 고장 났다면 반드시 후방 100미터 지점에 비상 삼각대를 설치하고 작업을 해야 한다. 만약 삼각대를 설치하지 않고 작업하다가 사고가 발생할 경우 이에 대한 과실 책임도 지게 될 뿐만 아니라 안전에 심각한 위험이 발생할 가능성이 높으므로 절대 주의하자.

비상용 삼각대의 보관 위치

[UPGRADE]

차량의 고장, 사고 등 비상시를 대비하여 많은 운전자들이 삼각대를 트렁크에 비치하고 있을 것이다. 그런데 시야가 확보되지 않은 야간 도로나 자동차 전용 도로에서 운전자가 삼각대를 꺼내기 위해 트렁크로 다가가다 뒤따라오는 차량에 부딪쳐 인명 사고로 이어지는 안타까운 일이 실제로 종종 발생하고 있다. 안전을 위해 삼각대는 트렁크가 아니라 반드시 운전석 근처에 비치하여 비상시에 바로 꺼내서 사용할 수 있도록 하자.

간급 조치 타이어 교체하기

1 타이어 교체가 별것 아닌 것 같지만, 실제로 해 보면 쉬운 일만은 아니므로 이제부터 차근차근 따라 해 보자. 우선 노면이 평평하고 단단한 안전지대에 자동차를 주차한다.

타이어 교체하기 ➜

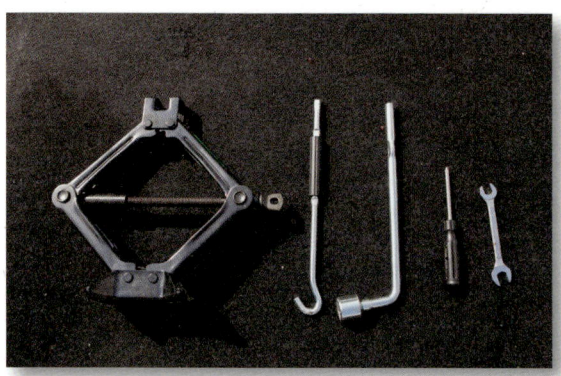

2 삼각대를 포함하여 잭(jack) 세트와 휠 너트 렌치를 준비한다.

> **TIP** 삼각대는 주간일 경우 차량으로부터 100m 후방에 설치하고, 야간일 경우 200m 후방에 설치해야 한다.

3 자동차의 트렁크를 열고 매트를 걷어 낸다.

4 스페어타이어의 중앙에 고정 장치가 있을 경우 손으로 돌려서 푼다.

5 스페어타이어를 꺼내 이상 유무를 확인한다.

TIP 스페어타이어의 공기압은 적당한지, 손상은 없는지 등을 점검하면 된다.

6 먼저 휠 너트 렌치를 이용하여 타이어의 휠 너트를 살짝 풀어 둔다.

TIP 휠 너트를 풀 때는 체중을 실어 휠 너트 렌치의 방향을 아래로 내리면 된다.

7 잭의 고리 부분에 갈고리 모양 연결대를 끼운다.

8 연결대의 반대쪽 구멍에 'ㄴ'자 렌치를 돌려 끼운다.

9 잭을 교체할 바퀴 뒷부분 홈에 정확하게 위치시킨다.

10 'ㄴ'자 렌치를 서서히 시계 방향으로 돌려 차를 들어 올린다.

11 타이어를 교체할 수 있을 만큼 차를 들어 올린 후 스페어타이어를 차 밑에 끼워 넣는다.

주의 잭이 넘어지거나 부러지는 사례가 발생할 때를 대비해 작업자를 보호해야 하므로 반드시 스페어타이어를 차 밑에 끼워 둔 상태에서 교체를 진행한다.

12 살짝 풀어 두었던 타이어의 휠 너트를 완전히 풀어 모두 빼낸다.

13 타이어를 약간 위로 들면서 앞으로 당겨 빼낸다.

14 교체할 타이어를 스페어타이어와 맞바꾼다.

15 스페어타이어를 차축의 위쪽 구멍부터 조심스럽게 맞추어 끼운다.

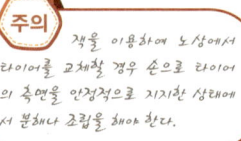

주의 잭을 이용하여 노상에서 타이어를 교체할 경우 손으로 타이어의 측면을 안정적으로 지지한 상태에서 분해나 조립을 해야 한다.

16 차축에 타이어를 끼웠으면 한 손으로 타이어를 받친 상태에서 다른 한 손으로 휠 너트를 돌려 끼운다.

17 'ㄴ'자 휠 너트 렌치를 이용하여 너트를 적당히 조이는데, 다음의 순서에 맞춰 여러 차례에 걸쳐 조인다.

주의 휠 너트를 조일 때 5개의 너트를 번갈아 가며 조금씩 조이는 것이 중요하다. 너트를 하나씩 강하게 조이면 타이어가 비스듬하게 장착될 수 있으니 주의해야 한다.

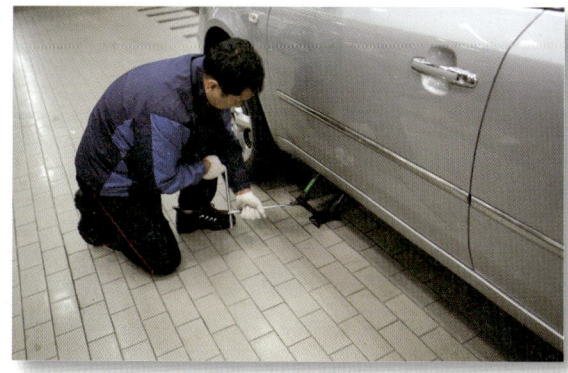

18 차 밑에 받쳐 두었던 타이어를 빼낸 다음 잭을 시계 반대 방향으로 천천히 돌려 타이어가 지면에 살짝 닿을 정도까지 내린다.

19 'ㄴ'자 휠 너트 렌치를 이용하여 너트를 완벽하게 조인다.

TIP 스페어타이어 장착이 완료되면 교체한 타이어는 트렁크 안 스페어타이어 자리로 옮기고 매트를 덮는다.

타이어 교체 작업 시 안전 포인트

[UPGRADE]

① 작업하기 전 차량을 안전한 곳으로 이동 주차한 후 후방 100미터 지점에 반드시 삼각대를 설치한다.
② 작업 중에는 스페어타이어를 차량 밑에 넣어 둔다.
③ 타이어의 볼트가 잘 안 풀려서 체중을 이용하기 위해 공구 위로 올라갈 때는 공구가 튀지 않도록 각별히 조심한다.

고속도로에서 응급 상황 발생 시 기본 조치 단계

고속도로에서 차량이 고장 나거나 사고가 발생할 경우 다음과 같이 5단계에 걸쳐 기본 조치를 취한 후 작업을 진행한다.

Step 1 차량을 안전 지역으로 이동 주차한다.
Step 2 차폭등과 비상등을 켜서 자신의 차량 위치를 다른 차량 운전자들에게 알린다. 차폭등만 켜 두면 뒤따라오는 차가 사고 차량을 주행하고 있는 것으로 오해하여 추돌 사고를 일으킬 수 있으니 반드시 비상등과 차폭등을 함께 켜도록 한다.
Step 3 탑승자를 도로 밖으로 안전하게 대피시킨다.
Step 4 삼각대를 차량 후미(주간 100m, 야간 200m 후방)에 설치한다.

고속도로에서 차량 고장이나 사고 처리 중 후행 차량과 추돌 사고가 발생했다면 상황에 따라 과실의 비율이 달라진다. 이때 선행 차량이 삼각대 설치, 수신호 등의 안전 수칙을 이행했는지 여부를 따지게 되는데, 모든 조치가 잘 이루어졌을 경우 선행 차량은 20% 내외의 과실을 책임지는 것이 통상적이다.

Professional Page

Owner Driver 26.

배터리가 방전되어 시동이 안 걸릴 때

배터리가 방전되어 시동이 걸리지 않을 때는 주변 차량의 배터리와 연결해서 시동을 걸거나 자동차 제조사, 보험사의 긴급 출동 서비스를 이용하면 된다. 이때 시동이 걸린 후에는 곧바로 시동을 끄지 말고 한동안 공회전과 주행을 하여 발전기가 배터리를 충전할 수 있도록 조치해야 한다. 배터리 방전은 대부분 실내등, 열선, 헤드라이트를 켠 상태로 오랜 시간 방치하기 때문에 발생한다. 그러나 배터리 방전 현상이 자주 일어난다면 배터리를 충전시켜 주는 발전기가 고장 났거나 배터리 수명이 다 돼서일 수도 있으니 가까운 정비소를 방문하여 진단을 받아 보는 것이 좋다.

긴급 조치 배터리 충전하기

1. 다른 차량의 배터리와 연결할 수 있는 부스터 케이블을 준비한다.

2 배터리가 방전된 차량과 정상 차량을 서로 가까이 주차한다.

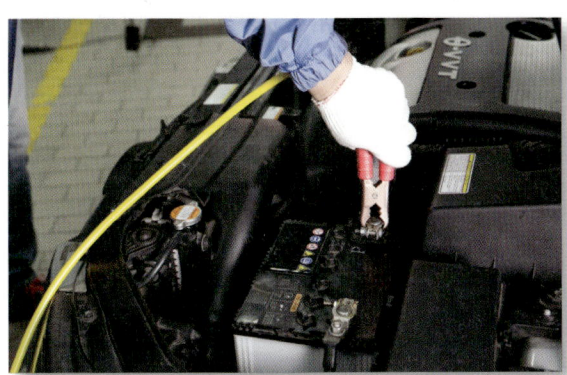

3 방전된 차량 배터리의 + 단자에 빨간색 케이블을 연결한다.

> **TIP** 일반적으로 자동차 배터리의 + 단자는 커버로 보호되어 있다.

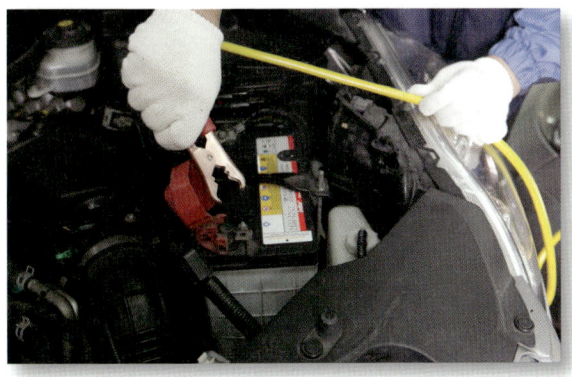

4 빨간색 케이블의 나머지 한쪽을 정상 차량 배터리 + 단자에 연결한다.

5 이번에는 검은색 케이블을 정상 차량 배터리의 – 단자에 연결한다.

6 검은색 케이블의 나머지 한쪽을 방전된 차량 엔진 몸체에 연결한다.

> **주의** 검은색 케이블을 방전된 차량의 – 단자에 직접 연결하지 않도록 절대 주의해야 한다.

7 케이블이 모두 연결되면 다음과 같은 형태가 된다.

8 이제 방전된 차량의 시동을 걸어 보면 정상적으로 시동이 걸리는 것을 알 수 있다.

9 시동을 끄지 않은 상태에서 케이블을 하나씩 제거하는데, 케이블 제거는 반드시 연결 과정의 역순으로 진행해야 한다.

> **TIP** 부스터 케이블을 제거할 때는
> ① 방전된 차량에서 검은색 케이블 분리
> ② 정상 차량에서 검은색 케이블 분리
> ③ 정상 차량에서 빨간색 케이블 분리
> ④ 방전된 차량에서 빨간색 케이블 분리
> 순서로 진행한다.

배터리 충전 작업 시 안전 포인트

[UPGRADE]

① 배터리 단자에 케이블을 연결할 때 불꽃이 튀지 않도록 순서에 유의한다.
② 시동이 걸린 후에는 연결된 케이블을 제거한 다음 일정 시간 공회전을 시키며 시동 걸린 상태를 유지해야 한다.
③ 배터리 충전 케이블을 연결할 때 마지막 단계에서 방전된 차량의 마이너스 단자에 직접 연결하지 않도록 절대 주의해야 한다(배터리 충전 시 발생하는 수소 가스가 불꽃으로 인해 폭발할 수 있다).

Owner Driver 27.

엔진이 과열되어 오버 히트 현상이 발생할 때

엔진이 과열됐는지 여부는 계기판의 냉각수 온도 게이지를 통해 쉽게 알 수 있다. 물론 대부분의 운전자들은 연료 게이지는 자주 확인해도 냉각수 온도 게이지는 거의 확인하지 않지만, 보닛에서 연기가 난다거나 차에 이상이 있는 것 같으면 반드시 냉각수 온도 게이지가 정상 범위에 있는지 확인해 봐야 한다. 엔진이 과열되었을 경우 가장 먼저 자동차를 안전하고 바람이 잘 통하는 그늘진 곳에 주차시켜야 하는데, 엔진의 회전을 통하여 냉각수가 엔진을 냉각시켜 주고 있다는 것을 잊지 말고 놀란 마음에 바로 시동을 끄는 행동은 하지 않도록 주의한다. 단, '펑' 하는 소리와 함께 팬 벨트가 끊어진 것을 확인했다면 워터 펌프가 작동을 안 하는 상태이므로 이때는 시동을 꺼야 한다. 또 냉각수를 점검해서 냉각수 보조 탱크에 냉각수가 전혀 없는 경우에도 시동을 끈다.

이렇게 엔진이 과열되면 보닛을 연 상태에서 장시간 기다려 엔진을 냉각시킨 후 라디에이터 캡을 열고 물을 보충해 주어야 한다. 라디에이터 캡을 열 때는 절대 맨손으로 급히 돌리지 말고, 수건 등을 이용하여 캡을 누른 채 서서히 압력을 빼면서 열도록 한다. 냉각수가 부족한 원인으로는 연결 호스의 누수로 인한 경우가 많으니 누수 부위를 테이프 등으로 감는 임시 조치를 취한 후 가까운 정비소로 차를 이동시키도록 한다. 만약 누수가 계속되는 상황이라면 라디에이터 캡을 열어 압력이 안 걸리게 하면서 주행해야 한다.

간급 조치 엔진 냉각하기

Step 1 자동차 운행 중 냉각수 온도 게이지가 적색 범위를 가리키면 엔진이 과열된 것이므로 빠른 시간 내에 차를 안전한 곳으로 주차시킨다.

Step 2 차폭등과 비상등을 켜서 자신의 차량 위치를 다른 차 운전자들에게 알린다.

Step 3 에어컨을 사용 중이었다면 즉시 끈다.

Step 4 엔진 룸에서 수증기가 피어오르거나 차량 밑으로 냉각수가 흐를 경우 보닛을 열지 말고 시동이 걸려 있는 상태로 엔진이 식을 때까지 기다린다. 이때 무리하게 보닛을 열면 뜨거운 냉각수나 수증기로 인해 화상을 입을 수 있으니 특히 조심해야 한다. 단, 수증기가 나지 않거나 냉각수가 흐르지 않으면 시동이 걸려 있는 상태에서 보닛을 열어 자연 통풍을 이용해 엔진을 냉각시켜 준다.

Step 5 계기판의 냉각수 온도 게이지가 정상 범위를 가리키면 시동을 끈다.

Step 6 정상 범위의 냉각수라도 매우 뜨겁기 때문에 충분히 냉각을 시킨 다음 냉각수의 양, 구동 벨트, 냉각 호스 등의 상태를 점검하여 조치한다.

Owner Driver 28.

비 오는 날 와이퍼가 작동하지 않을 때

와이퍼를 작동시켰는데 모터 돌아가는 소리만 나고 정작 와이퍼가 움직이지 않는다면 크게 세 가지 원인이 있을 수 있다.

첫째, 암 연결부의 볼트가 헐거워졌을 가능성이 제일 높다. 이럴 때는 사이즈가 맞는 공구를 이용하여 단단히 조이면 되지만, 공구가 없을 경우 우선 손으로 볼트를 간단하게 조이는 조치를 취하도록 한다. 둘째, 암 연결부의 볼트 문제가 아니라면 퓨즈가 정상인지 확인해 보고, 퓨즈 문제인 경우 교체해야 한다. 단, 새 퓨즈로 교체할 때는 같은 용량의 퓨즈를 사용해야 한다. 셋째, 암 연결부의 볼트를 조이고, 퓨즈를 교체했는데도 계속해서 와이퍼가 작동하지 않는다면 와이퍼 모터의 고장을 의심해 볼 수 있다. 이것이 원인일 때는 정비소를 방문하여 교체하도록 한다.

와이퍼 고장 유형으로 두 개의 와이퍼 중 한쪽만 움직이고 한쪽은 작동을 하지 않는 상황이 발생하기도 하는데, 이는 와이퍼 모터나 퓨

즈 같은 전기 회로의 문제가 아니다. 한쪽 와이퍼만 작동한다는 것은 기계적인 결함이 발생했다는 의미이므로 와이퍼 링키지와 와이퍼 암 체결 볼트를 우선적으로 점검해 봐야 한다.

와이퍼가 작동하지 않는데 현장에서 긴급 조치가 불가능하다면, 시야 확보가 안 되는 상황에서 무리하게 운행을 하기보다 잠시 안전한 곳에 정차하여 비가 멎기를 기다리는 것이 바람직하다. 만약 부득이하게 꼭 운행을 해야 할 상황이라면 비눗물이나 유리 발수 코팅제를 유리창 바깥쪽에 바르는 방법으로 어느 정도 시야를 확보할 수 있다.

긴급 조치 와이퍼 암 체결 볼트 조이기

Step 1 와이퍼 암 고정 볼트 커버를 빼낸다(보닛을 열고 작업하는 것이 편리하다).
Step 2 왼손으로 와이퍼 암을 지그시 누른 상태에서 오른손으로 와이퍼 암 고정 볼트를 적당히 조인다.

TIP 공구를 이용할 경우에는 우선 큰 힘이 안 들어갈 때까지 와이퍼 암 고정 볼트를 조인 후 힘을 주는 시점에서 15도 정도 더 조여 주면 된다.

긴급 조치 와이퍼 퓨즈 교체하기

1 자동차에서 실내 퓨즈 박스의 위치를 확인한다.

> **TIP** 와이퍼 퓨즈는 실내 퓨즈 박스 안에 있다.

2 퓨즈 박스의 커버를 연다.

3 커버 안쪽의 퓨즈 배치도를 참고하여 와이퍼 퓨즈 위치를 확인한다.

4 제거 핀을 이용하여 와이퍼 퓨즈를 뽑아낸다.

5 확인 후 퓨즈가 끊어졌다면 새 퓨즈로 교체한 다음 퓨즈 박스 커버를 닫는다.

6 와이퍼가 정상적으로 작동하는지 확인한다.

Owner Driver 29.

비 오는 날 창에 서리가 껴서 밖이 잘 안 보일 때

비 오는 날에는 자동차 내부와 외부 사이에 온도 차가 생겨 유리 안쪽에 서리가 끼는 현상이 자주 발생한다. 유리 바깥쪽의 찬 공기와 안쪽의 따뜻한 공기가 만나면서 따뜻한 공기 쪽에 물방울이 맺히는 것인데, 이럴 때는 창문 안쪽을 차갑게 하거나, 창문 바깥쪽을 따뜻하게 하는 방법으로 서리를 없앨 수 있다. 가장 간단한 조치로 창문을 활짝 열어 내부와 외부 온도를 맞춰 주면 되지만, 서리가 없어지기까지 시간이 오래 걸리거나 별로 효과가 없는 경우도 있다. 이럴 때는 다음과 같은 조치를 취해 보자.

긴급 조치 창문 안쪽에 서린 김 제거하기

1 에어컨 패널에서 디프로스터(defroster) 버튼을 누른다.

2 다음과 같이 설정이 적용된 것을 확인한다.

3 풍량을 최대로 높인다.

TIP 창문 바깥쪽에 서린 김을 제거할 때는 풍량을 최대한으로 높인 상태에서 온도를 올리면 된다.

4 바람이 앞 유리쪽으로 집중되도록 통풍구를 모두 닫는다.

긴급 조치 뒷유리, 사이드 미러 열선 점검하기

1 에어컨 패널에서 뒷유리 열선 버튼을 누른다.

> **TIP** 뒷 유리 열선 버튼을 누르면 사이드 미러 열선도 함께 작동한다. 단, 일부 차종은 사이드 미러에 열선이 없는 경우도 있다.

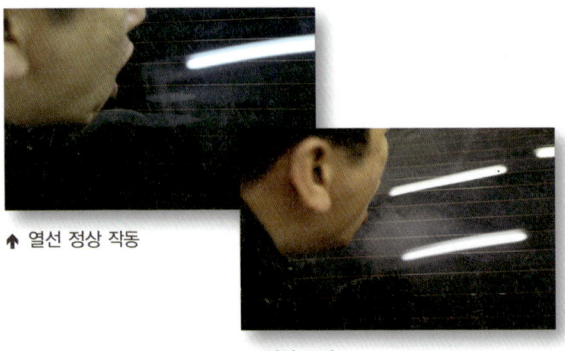

↑ 열선 정상 작동

↑ 열선 고장

2 1분 정도 경과 후 뒷유리에 입김을 불어 열선이 정상적으로 작동하는지 확인한다.

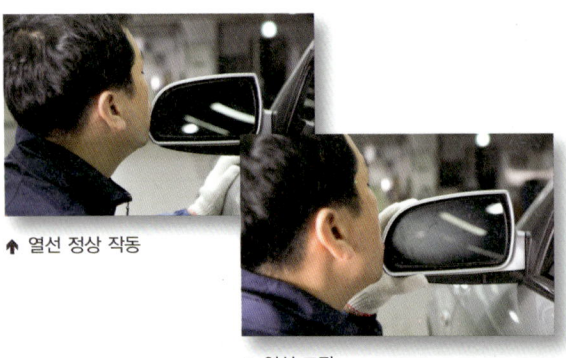

↑ 열선 정상 작동

↑ 열선 고장

3 사이드 미러도 같은 방법으로 작동 여부를 확인하면 된다.

> **TIP** 유리나 미러에 입김이 맺힌다면 퓨즈 혹은 관련 전기 계통의 점검이 필요하다.

자동차 부품의 현장 용어

Professional Page

정비 현장에서 흔히 쓰는 용어들을 알아 두면 정비소를 방문했을 때 정비사의 설명을 좀 더 잘 이해할 수 있으니 현장에서는 어떤 말들을 쓰는지 살펴보자.

현장 용어	정식 명칭	비고
노아다이	로어 암(lower arm)	
나마가스	블로 바이 가스(blow-by-gas)	
삼발이	클러치 판(clutch plate)	
데후	디퍼렌셜 기어(differential gear)	
다시방	대시 보드(dash board)	
리데나	리테이너(retainer)	실(seal)
링구	피스톤 링(piston ring)	
마우라	소음기(muffler, 머플러)	사일런스(silencer)
미미	엔진 마운트	
부란자	플렌저(plunger)	
뷔우다	배전기(distributor, 디스트리뷰터)	
세루모타	셀프 스타트 모터(self start motor)	스타터(starter)
스베루	미끄러짐	
쑈바	쇼크 업소버(shock absorber)	
씨다바리	자동차 하체	
앤도 볼	타이 로드 앤드 볼 조인트(tie rod end ball joint)	
우쭈바리	실내 내장재, 도어 트림(door trim)	
에바	증발기, 이배퍼레이터(evaporator)	
잠바 카바	밸브 커버(valve cover)	
찜빠	엔진 부조	
해또	실린더 헤드(cylinder head)	
후앙	냉각 팬(fan)	
후까시	가속(액셀러레이터 페달 밟음)	
화케이스	트랜스퍼 케이스(transter case)	
활대	안티롤 바(anti-roll bar)	
후렌다	펜더(fender)	

187
Mechanic Part 04

Owner Driver 30.

야간에 전조등이 안 켜질 때

야간에 전조등이 안 들어올 때는 퓨즈, 전구를 점검해 보고 문제가 있을 경우 교체하도록 한다. 만약 예비용 부품이 없다면 임시로 안개등이나 상향등을 켠 채 주행하는데, 상향등은 마주 오는 차량 운전자의 시야를 방해하니 라이트 상단 부위에 청색 테이프 같은 것을 붙여 안전 조치를 취해야 한다.

간급 조치) 전조등 테이핑 하기

1 상향등을 켜면 반대편에서 마주 오는 운전자의 시야를 방해한다.

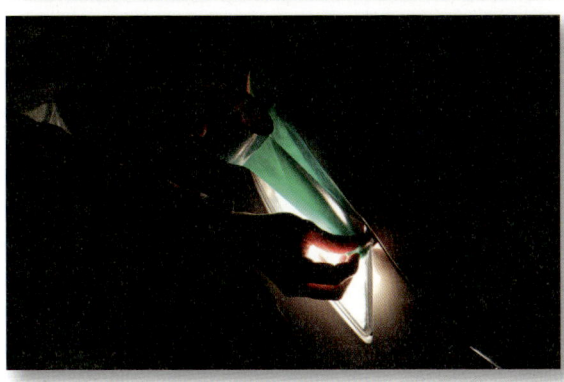

2 라이트 위쪽 절반 정도를 청색 테이프 같은 것으로 가려 빛을 차단한다.

3 위쪽으로 빛이 새지 않는지 확인한다.

Owner Driver 31.

겨울철에 자동차 열쇠 구멍이 얼어서 키가 안 들어갈 때

한겨울에 장시간 동안 차를 외부에 주차해 놓으면 눈 녹은 물이 열쇠 구멍에 들어간 채로 다시 얼어서 키를 넣지 못하는 상황이 발생할 때가 있다. 이럴 때는 당황하지 말고 키를 라이터로 가열한 다음 꽂아 보자. 불을 이용해 달군 키를 열쇠 구멍에 넣으면 키가 서서히 얼음을 녹이면서 쉽게 들어가는 것을 알 수 있다. 겨울철에는 이런 상황이 종종 생기므로 자동차 용품점이나 온라인 쇼핑몰에서 미리 해빙제 스프레이를 구입해 두는 것도 좋은 방법이다.

간급 조치 열쇠 가열과 해빙제 스프레이 사용하기

1 자동차 열쇠를 라이터로 가열한다.

↑ 라이터로 열쇠 가열하기

2 열쇠 구멍이 심하게 얼어 있을 경우 수차례 반복한다.

> **주의** 라이터로 열쇠를 너무 오래 가열할 경우 플라스틱으로 된 열쇠의 손잡이 부분이 녹을 수 있으므로 주의해야 한다. 또 가열된 열쇠가 피부에 닿으면 화상을 입으니 각별히 조심하도록 한다.

3 만약 이 방법으로 잘 해결되지 않는다면 해빙제 스프레이를 활용해 보자. 해빙제 스프레이를 얼어 있는 열쇠 구멍에 분무한 다음 잠시 후 키를 넣어 보면 쉽게 들어가는 것을 확인할 수 있다.

> **주의** 한 번에 많은 양을 뿌릴 경우 차체로 분무액이 흘러내릴 수 있으니 조금씩 분무하도록 한다.

Mechanic Part 04

Owner Driver 32.

리모컨 키가 작동하지 않을 때

리모컨 키는 여간해서 잘 망가지지 않기 때문에 어느 날 갑자기 차 문이 열리지 않는다면 리모컨 안에 내장된 배터리의 수명이 다 되었을 가능성이 높다. 이제부터 리모컨 키의 배터리 교체 방법을 배워 보자.

긴급 조치 리모컨 키의 배터리 교체하기

1 동전을 리모컨 키의 앞쪽 홈에 끼운다.

2 동전을 비틀어 리모컨 키의 커버를 분리한다.

3 커버가 분리된 리모컨의 안쪽에서 전자 기판을 확인한다.

4 전자 기판(스위치 어셈블리)을 들어낸 다음 수은 전지를 빼낸다.

5 수은 전지의 상단에 표기되어 있는 규격을 확인한다.

TIP 수은 전지 규격의 예
* 사이즈 : CR2032
* 전압 : 3V

6 새 수은 전지로 갈아 끼운다.

7 분해 과정의 역순으로 키를 다시 조립한다.

차량에 부착되어 있는 스티커

Professional Page

자동차에는 크고 작은 스티커들이 구석구석에 부착되어 있다. 운전자들은 대부분 무심코 지나치지만 스티커가 붙어 있다는 건 한 번쯤 살펴볼 필요가 있다는 뜻이다. 물론 차마다 모두 같은 스티커가 부착되어 있는 것은 아니니 내 차에는 다음 중 어떤 스티커들이 붙어 있는지 찾아보자.

↑ 타이어 표준 공기압

↑ 도난 경보 시스템

↑ 배터리 취급 주의

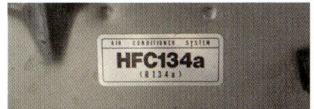
↑ 에어컨 가스

↑ 견인 방법

↑ 도난 경보 시스템

↑ 에어백 시스템

↑ 시트 접이 방법 설명

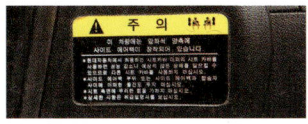
↑ 사이드 에어백 장착 안내

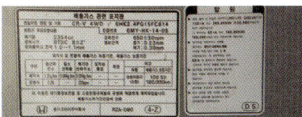
↑ 배출 가스 관련 표지

↑ 동반석 에어백

↑ 사이드 에어백

↑ 트렁크 해제 레버

Owner Driver 33.

타이어가 웅덩이에 빠져 헛바퀴만 돌 때

자동차가 웅덩이에 빠져서 가속 페달을 밟아도 빠져나오지 못하고 헛바퀴만 도는 경우가 있다. 이럴 때 제일 좋은 방법은 주변의 차에 자신의 차량을 로프로 연결하여 탈출하는 것이지만, 주위에 도움을 받을 차량이나 로프가 없을 경우가 문제다. 이럴 때 운전자가 혼자서 할 수 있는 조치로 다음과 같은 두 가지 방법이 있다.

첫 번째 방법으로 빠진 바퀴의 뒤쪽과 바닥면 사이에 단단한 물체를 끼워 넣은 후 가장 큰 힘을 낼 수 있는 후진으로 탈출을 시도한다. 그런데 자동차는 탈출하지 못하고 자꾸 끼워놓은 물체만 튕겨 나간다면 차량용 잭을 이용해 차를 약간 들어 올린 다음 바퀴와 노면 사이에 단단한 물체를 확실하게 끼워 놓고 다시 시도하도록 한다.

두 번째로 타이어의 공기를 약간 빼서 타이어의 접지 면적을 높여 빠져나오는 것도 효과적인 탈출 방법이다. 또 웅덩이에 한쪽 바퀴만 빠져 웅덩이의 바퀴는 헛돌고 다른 바퀴는 움직이지 않는 상황이라면 핸드 브레이크를 사용하면서 천천히 액셀러레이터를 밟아 노면 위 바퀴에 저항을 주는 방법으로 차량을 움직일 수 있다.

긴급 조치 단단한 물체를 이용해 탈출하기

Step 1 빠진 바퀴의 뒤쪽과 바닥면 사이에 단단한 물체를 끼워 넣는다.
Step 2 후진으로 탈출을 시도한다.
Step 3 자동차는 탈출하지 못하고 자꾸 끼워 놓은 물체만 튕겨 나간다면 차량용 잭을 이용하여 차를 약간 들어 올린다.

TIP 차가 웅덩이에 빠졌을 때 급격하게 가속을 하면 탈출하기가 점점 어려워지므로 서서히 가속을 하며 빠져나와야 한다.

Step 4 바퀴와 노면 사이에 단단한 물체를 확실하게 끼워 넣고 잭을 제거한 후 다시 시도한다.

긴급 조치 타이어의 공기를 빼서 탈출하기

Step 1 타이어의 공기 주입구 캡을 연다.
Step 2 공기 주입구를 뾰족한 물체로 눌러 바람을 뺀다. 단, 바람을 너무 과도하게 빼면 탈출 이후 운행이 불가능하므로 적당히 빼야 한다.
Step 3 탈출 이후에는 반드시 가까운 정비소로 이동하여 정상 공기압을 맞춘다.

Owner Driver 34.

야간 운행 중 갑자기 전조등이 어두워질 때

야간 운행 중에 갑자기 전조등(헤드라이트)이 어두워져 운전하기가 어려울 때가 있다. 이런 경우 우선 차량을 안전한 곳으로 이동 주차한 후 보닛을 열고 배터리 단자가 단단히 조여 있는지 확인해 봐야 한다. 만약 헐거워져 있다면 차에 비치된 기본 공구를 이용하여 단단하게 조인다. 또 구동 벨트가 헐거워지면서 발전기가 정상적으로 작동하지 않을 경우에도 전조등이 어두워질 수 있는데, 이때는 벨트의 장력을 규정 수치만큼 조절해 줘야 한다. 하지만 벨트의 장력 조절은 운전자가 노상에서 직접 하기 어려우므로 가까운 정비소로 이동하여 정비해야 한다.

간급 조치 배터리 단자 조이기

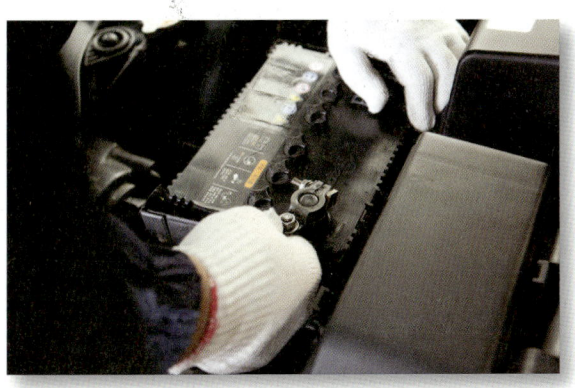

1 전조등이 갑자기 어두워지면 배터리 단자를 확인하기 위해 우선 자동차의 보닛을 연다. 그런 다음 배터리 단자의 케이블을 흔들어 체결 상태를 확인한다.

2 단자가 헐거운 느낌이 들면 공구를 이용하여 적당히 조인다.

Owner Driver 35. 봄 청소 · 세차 · 광택
　Professional Page　가죽 시트를 오랫동안 깨끗하게 유지하는 노하우

Owner Driver 36. 봄 빗길 운전

Owner Driver 37. 봄 유리창 청소(워셔액/와이퍼)
　Professional Page　자동차의 창문이 잘 안 열리거나 닫히지 않는 현상

Owner Driver 38. 여름 엔진 과열
　Professional Page　자동차 검사의 종류와 검사 시기

Owner Driver 39. 여름 에어컨 관리
　Professional Page　연비 향상을 위한 5단계 수칙

Owner Driver 40. 여름 장마철 자동차 관리

Owner Driver 41. 가을 낙엽

Owner Driver 42. 가을 황사
　Professional Page　지하 주차장 천장에서 떨어진 시멘트 물 얼룩 지우기

Owner Driver 43. 가을 안개와 야간 운전

Owner Driver 44. 겨울 히터

Owner Driver 45. 겨울 스노타이어와 스노체인

Owner Driver 46. 겨울 시동 걸기

Mechanic Part
사계절 차량 관리 노하우로 유지비 절약하기

우리나라는 봄, 여름, 가을, 겨울 사계절이 뚜렷하여 다른 나라에 비해 자동차의 운행 환경이 가혹하다고 할 수 있다. 봄·가을에는 황사가, 여름이면 폭염이, 겨울에는 강추위와 염화칼슘이 차를 힘들게 만들기 때문이다. 이 밖에도 자동차를 오랫동안 안전하게 타기 위해서는 계절별로 특별히 신경 써야 할 부분들이 있는데, 이제부터 계절별 차량 관리 노하우는 어떤 것들이 있는지 자세히 배워 보자.

Owner Driver 35.

봄 청소·세차·광택

자동차 정비의 시작, 세차

자동차 정비 중에서 사람들이 가장 열심히 하는 한 가지만 꼽으라면 아마 단연 세차일 것이다. 주유소에만 가도 자동 세차기를 통해 쉽게 세차를 할 수 있고, 차의 외관이 깨끗해야 운전자의 기분도 좋아지기 때문이다. 그런데 대부분의 운전자들이 처음 자동차를 구입했을 때는 세차에 신경을 많이 쓰다가 시간이 지날수록 관심을 덜 가진다. 하지만 세차는 차량의 유지 관리 중 가

장 기본이 되면서도 중요한 요소이기 때문에 무심코 지나쳐서는 안 된다. 계절별로 세차의 방법이 다른 것은 아니지만, 특히 봄철에는 겨우내 혹한의 추위를 견디느라 쌓인 자동차의 피로를 풀어 주는 차원에서 세심히 신경 써 세차를 해야 한다.

겨울철 도로에는 축축한 상태의 눈, 흙, 먼지뿐만 아니라 제설 작업을 위해 뿌린 염화칼슘까지 다양한 오염물이 널려 있다. 이것들은 도색에 취약한 차량의 아래쪽에 잔뜩 붙어 차체를 부식시킬 수 있기 때문에 봄철 세차를 할 때는 고압의 세차기를 이용하여 구석구석까지 깨끗이 씻어 주고 하체의 부식 상태를 점검해야 한다.

자동차의 실내 바닥은 카펫으로 이루어져 있는데, 추운 겨울에는 자동차 실내 환기에도 소홀하게 되어 탑승자에 의해 지속적으로 오염이 된다. 이런 상태에서 봄이 되어 기온이 오

르면 곰팡이가 번식하기 좋은 환경을 조성하게 되므로 봄철 날씨가 맑은 날에는 모든 문과 트렁크를 열어 실내에 쌓인 먼지를 털어 내는 것이 좋다.

셀프 세차하기

1 위에서 아래로 마치 빗자루로 쓸듯이 충분히 물을 뿌려 차에 묻은 이물질을 제거한다.

2 세차용 스펀지를 깨끗한 물로 닦아 낸 다음 거품이 나오기 시작하면 5~10초 정도 흘려 보낸다.

3 세차용 스펀지로 차에 거품을 골고루 칠한다. 이때 차를 너무 세게 문지르면 도장 면에 흠집이 발생할 수 있으니 최대한 부드럽게 문질러 준다.

TIP 물을 뿌릴 때처럼 위에서 아래로 쓸어내리며 거품을 칠한다.

4 물을 뿌려 거품을 깨끗이 닦아 낸다.

5 물기 제거용 타월을 이용하여 차량의 물기를 제거하는데, 가능하면 직사광선을 피해 그늘진 곳에서 닦아 낸다.

TIP 겨울철 염화칼슘을 뿌린 도로, 공단 지역, 염분이 많은 해안가를 자주 운행하는 차량이라면 자주 세차를 해야 한다.

[UPGRADE] **세차 후 외부 광택 내기**

세차를 통해 자동차 외관의 오염 물질을 깨끗이 씻어 내고 물기까지 완전히 제거했다면 그늘진 곳에서 차체의 광택을 낸다. 광택용 왁스는 그 종류가 다양하고 각각의 사용법이 다르므로 설명서를 충분히 읽은 다음에 사용하도록 한다.

실내 및 유리 청소하기

자동차의 실내에는 플라스틱이나 합성수지 제품이 많기 때문에 적합한 클리너를 이용해 청소하는 것이 좋다. 특히 유리를 닦기 전에는 반드시 먼지나 모래 등을 제거한 후 유리 전용 세정액과 부드러운 천을 사용하여 깨끗이 닦아 준다. 단, 유리를 플라스틱 클리너, 왁스, 기름 등이 묻은 천으로 닦으면 와이퍼 작동, 윈도 개폐 시 소음이 발생하거나 야간에 빛을 반사시켜 시야를 방해받을 수 있으니 주의해야 한다.

↑ 실내 바닥 청소

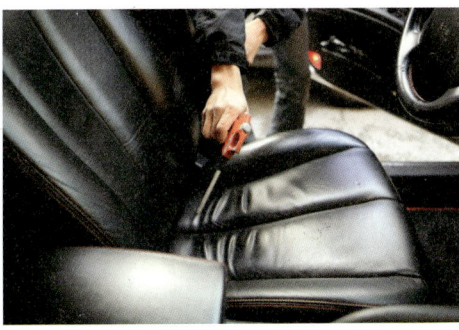

↑ 실내 시트 청소

[UPGRADE] **가죽 시트 깨끗하게 유지하기**

가죽 시트를 오랜 시간 깨끗하게 유지하고 싶은 경우 불소(fusso) 소재의 스프레이를 시트 표면에 뿌려 두면 주름과 크랙 현상을 억제할 수 있다. 불소는 주로 우주 과학 분야에서 사용하는 고가의 원료이나 활용 범위가 상당히 넓고 성능 또한 매우 우수하여 다양한 분야에서 유용하게 쓰이고 있다. 가죽 시트에 불소를 뿌리면 가죽 표면에 얇은 유막을 형성하여 외부 물질로부터의 충격을 막아 오랫동안 원래 상태를 보존시킨다. 새 차일 때부터 관리하는 게 가장 좋지만, 주름이나 크랙이 발생한 시트라도 스프레이를 뿌려 두면 더 이상의 주름, 크랙이 진행되지 않는다.

Owner Driver 36.

봄 빗길 운전

빙판길 운전만큼 위험한 빗길 운전

많은 사람들이 빙판길 운전은 위험하다는 것을 인정하면서도 빗길 운전에 대해서는 대수롭지 않게 생각하는 경향이 있다. 하지만 비 오는 날은 평상시보다 제동 거리가 길고 미끄러지기 쉬워 돌발 상황에 대비한 방어 운전의 자세가 필요하다.

비가 온 뒤에는 길 곳곳에 물웅덩이가 생긴다. 자동차가 이런 물웅덩이를 고속으로 지나면 타이어가 노면에 닿지 못하고 마치 수상 스키를 타듯이 뜬 상태로 통과하게 되는데, 이것을 '수막현상'이라고 한다. 타이어가 노면에 닿지 않는다는 건 운전자가 차량을 제어·제동할 수 없다는 의미로 빙판길 운전만큼이나 위험한 일이다. 따라서 빗길이나 젖은 노면을 운전할 때는 고속 주행을 삼가고, 평소보다 타이어의 공기압을 10% 정도 높여 배수 성능을 향상시켜야 한다. 또 물웅덩이를 지나면 브레이크 디스크와 패드가 젖어 평소보다 제동력이 떨어지므로 서행 운전을 하면서 브레이크를 2~3회 가볍게 밟아 젖어 있는 브레이크를 말려 주는 것이 빗길 운전의 노하우이다.

빗길 운전 시 주의 사항

① 타이어의 마모 상태와 공기압을 점검한다.
② 워셔액을 충분히 보충한다.
③ 와이퍼의 작동 상태를 점검한다.
④ 등화 장치의 작동 상태를 점검하고 전조등을 켠 채 운행한다.
⑤ 평소 주행 속도보다 20~50% 감속하여 주행한다.
⑥ 앞차와의 차간 거리를 충분히 확보한다.

Owner Driver 37.

봄 유리창 청소(워셔액/와이퍼)

와이퍼의 손상과 위험

겨울철에 눈, 서리 등으로 결빙된 이물질을 와이퍼로 제거하다 보면 와이퍼가 쉽게 손상된다. 손상된 와이퍼 블레이드는 전면 유리를 2차 손상시킬 수 있고, 교체 시기가 지난 와이퍼를 계속 사용하면 비 내리는 날 운행할 때 빗물을 충분히 제거하지 못해 위험한 상황을 유발할 수 있다. 잦은 황사, 비 내리는 날이 많은 봄철에는 와이퍼의 역할이 중요해지므로 겨울을 보낸 와이퍼는 미리 점검하고 필요할 경우 교체하도록 하자. 또 워셔액도 미리 점검하여 보충하는 것이 바람직하다.

손상된 와이퍼의 문제점
1. 와이퍼 블레이드가 지나간 자리에 얼룩이 남는다.
2. 와이퍼 작동 시 소음과 진동이 발생한다.
3. 유리에 맺힌 물기가 제대로 닦이지 않는다.

TIP 낡은 와이퍼는 그냥 버리지 말고 겨울철 앞창 유리에 얼어붙은 눈을 제거하거나 세차 시 유리의 물기를 1차로 닦아 내는 데 활용하면 좋다.

와이퍼 시스템의 구성

와이퍼는 대형 마트, 온라인 쇼핑몰, 오프라인 매장에서 쉽게 구입할 수 있는 부품이다. 차종마다 사이즈가 다르지만, 케이스에 장착 가능 모델이 명시되어 있으니 자신의 차량에 맞는지 확인한 후 구매하도록 한다.

① 와이퍼 암
② 와이퍼 블레이드

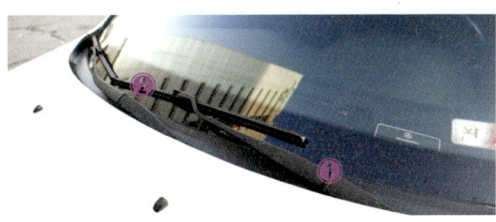

와이퍼 교체하기

1 운전석 쪽의 와이퍼 암을 세운다.

와이퍼 교체하기 ➜

2 와이퍼 블레이드를 하늘 방향으로 향한다.

3 왼손으로 고정 키를 누르고, 오른손 검지와 중지를 블레이드 사이에 끼운다.

4 오른손 검지와 중지를 아래로 내려 블레이드를 암에서 분리한다.

5 와이퍼 블레이드를 완전히 빼낸다.

6 블레이드가 분리된 상태에서 세워 놓았던 와이퍼 암이 쓰러지면 자동차 전면 유리를 파손시킬 수 있으니 장갑이나 부드러운 천 등으로 와이퍼 암을 감싼 다음 유리 위로 살며시 내려놓는다.

7 새 블레이드를 준비하여 고정 키가 아래를 향하도록 한다.

8 블레이드 고정 키를 와이퍼 암 고리 부분의 밑에서부터 위로 끼워 결합한다.

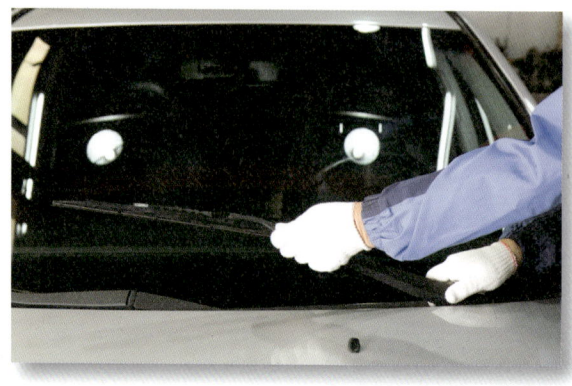

9 와이퍼 블레이드 교체를 완료한 후 와이퍼가 정상적으로 작동하는지 반드시 확인한다.

워셔액의 노즐 각도 조절하기

워셔액의 분사 각도가 잘 맞지 않으면 운전자의 시야를 방해하거나 자동차 지붕 위로 넘어가 전면 유리를 깨끗하게 닦을 수 없게 된다. 워셔액의 분사 각도 조절 방법은 매우 간단하니 잘 따라 해 보자.

1 워셔액을 분사하여 현재 각도를 확인한다.

> **TIP** 워셔액의 분사 위치가 바르지 않으면 주행 중 운전자의 시야를 방해하여 사고를 초래하거나 와이퍼 블레이드의 마모를 촉진시킨다.

2 핀처럼 뾰족하고 단단한 것을 준비한 후 워셔액 분사 노즐 구멍을 확인한다.

3 각도가 맞지 않는 워셔액 분사 노즐 구멍에 핀을 삽입하여 위치를 조절한다.

4 다시 워셔액을 분사하여 바르게 조절이 되었는지 확인한다.

유형별 와이퍼 정비 조치

1. 와이퍼가 떨리며 닦이지 않을 때
전면 유리에 왁스 같은 것이 묻었을 경우 세제로 닦는다. 와이퍼 암이 변형되었다면 와이퍼 암을 교체해야 한다.

2. 유리가 깨끗이 닦이지 않고 번질 때
와이퍼 블레이드 고무가 경화, 변형된 경우 와이퍼 블레이드를 문질러서 부드럽게 하거나 필요 시 교체한다.

3. 와이퍼가 지나갔는데 일부분만 닦일 때
와이퍼 블레이드의 누르는 힘이 부족한 경우 와이퍼 암 또는 와이퍼 블레이드를 교체한다.

4. 고속 주행 시 와이퍼가 잘 안 닦일 때
주행 시 맞는 바람으로 인해 와이퍼 블레이드가 들뜨는 경우 와이퍼 암의 장력을 조정하거나 스포일러 와이퍼를 장착한다.

5. 주행 중 와이퍼가 작동하지 않을 때
와이퍼 퓨즈의 단선 여부를 점검한다. 퓨즈가 단선되었다면 예비 퓨즈로 교체하는데, 반드시 탈거한 퓨즈와 동일한 용량의 퓨즈로 교체해야 한다. 규정 용량의 퓨즈를 사용하지 않거나 구리선, 철사, 은박지 등을 이용할 경우 화재 혹은 전기 장치의 손상을 유발할 수 있다.

6. 와이퍼가 한쪽만 작동할 때
와이퍼가 한쪽만 작동한다면 와이퍼 링크의 분리, 와이퍼 암의 고정 너트가 풀려 있을 가능성이 높다. 와이퍼 링크가 분리되었을 경우에는 링크를 손으로 압착해 고정시킨 후 링크에서 다시 잘 빠지는지 확인한다. 만약 링크가 고정되지 않는다면 링크 어셈블리를 교체해야 한다. 와이퍼 암의 고정 너트가 풀려 있을 경우라면 와이퍼 암 커버를 탈거한 다음 공구를 사용하여 고정 너트를 적당한 힘으로 조여 주면 된다.

워셔액 보충하기

1 보닛을 열고 워셔액 탱크의 위치를 확인한다.

TIP 차종에 따라 워셔액 주입구의 색상이 다르지만 마개에 ⊕표시가 있어 쉽게 찾을 수 있다.

2 마개를 열고 워셔액을 보충한다.

TIP 간혹 냉각수통을 워셔액통으로 착각하여 잘못 주입하는 경우가 있으므로 주의하도록 한다.

3 와이퍼를 작동하여 워셔액이 정상적으로 분사되는지 확인한다.

자동차의 창문이 잘 안 열리거나 닫히지 않을 때

자동차의 창문을 상하로 슬라이딩해 주는 모터는 정상인데 창문이 잘 올라오지 않거나 내려가지 않는 경우가 있다. 이때는 창문 쪽 몰딩(고무)에 문제가 있을 가능성이 매우 높다. 창문 몰딩은 창문이 상하로 슬라이딩할 때 고정을 시켜 주는 부품이지만, 시간이 지날수록 고무의 탄력이 떨어져 창문 유리와 고무 간 마찰 저항이 커지고, 상하 슬라이딩을 뻑뻑하게 만드는 문제를 발생시킨다. 창문과 유리의 마찰을 방치하면 자동차 문 안쪽 모터에 과도한 저항이 전달돼 모터가 고장 날 수 있다. 또 탄력이 저하되어 마찰력이 커진 고무 표면을 더욱 거칠게 만들어 부품을 교체해야 하는 상황까지 발생하기도 한다. 이런 문제가 생겼을 때는 불소 소재의 스프레이 또는 실리콘 소재의 스프레이 윤활제를 고무 안쪽 면에 뿌려 주는 것으로 간단히 해결할 수 있다. 단, 문제의 원인이 모터의 성능 저하로 인한 하드웨어적 트러블일 경우에는 스프레이로 해결할 수 없다.

Professional Page

창문에 윤활 스프레이 도포하기

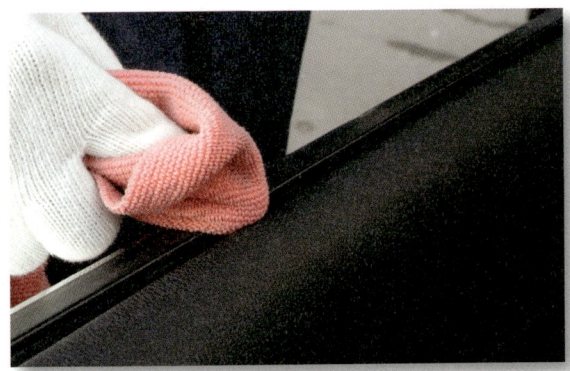

Step 1 창문을 완전히 내린 다음 보풀이 없는 깨끗한 천으로 몰딩 안쪽 먼지 등의 이물질을 닦아 낸다.

창문 윤활 스프레이 도포하기 →

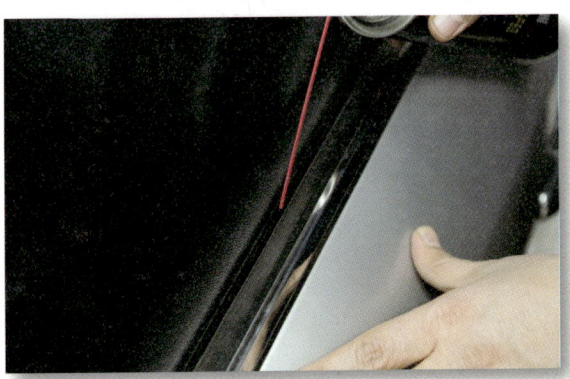

Step 2 몰딩 안쪽에 윤활 스프레이를 전체적으로 적당량 분사한다.

Step 3 같은 방법으로 옆쪽, 위쪽 몰딩에도 스프레이를 뿌린다.

TIP 윤활 스프레이를 과도하게 많이 뿌리면 창문을 작동할 때 윤활제가 묻어날 수 있으니 주의하자.

Owner Driver 38.

 엔진 과열

엔진 과열과 대처 방법

무더운 여름에 도로를 주행하다 보면 엔진 룸에서 흰 수증기를 자욱하게 뿜어내며 갓길에 퍼져 있는 차량을 종종 만날 수 있는데, 여름철에 흔하게 발생하는 자동차 고장 중 하나인 엔진 과열(오버 히트, over heat)이 원인이다. 앞서 긴급 조치 편에서도 엔진 과열에 대해 간단히 살펴봤지만, 엔진이 과열되면 운전자는 무척 당황할 수 있기 때문에 엔진 과열의 현상과 조치 방법을 좀 더 자세히 배워 보자.

엔진 과열은 엔진에서 지속적으로 발생하는 열을 충분히 식혀 주지 못할 때 발생하고, 주행 중에 엔진이 과열되면 계기판의 온도계가 점차 적색선(HOT) 쪽으로 올라간다. 또 엔진에서 이전에는 나지 않던 소리가 나며, 어느 순간 출력이 뚝 떨어진다. 이렇게 엔진이 과열되었을 경우 사람들은 가장 먼저 시동을 끄는 조치를 취하기 마련이다. 그런데 갑자기 시동을 끄게 되면 냉각수의 흐름이 멈춰 엔진 온도가 급속히 상승할 수 있으니 주의해야 한다. 이럴 때는 우선 차량을 안전한 곳으로 이동 주차한 후 히터를 고온으로 최대한 강하게 가동하여 엔진의 열을 어느 정도 식힌 다음 시동을 끄는 것이 좋다.

만약 냉각수 호수가 파손되어 발생한 문제일 경우에는 어차피 냉각수가 기능을 하지 못하는 상황이므로 곧바로 시동을 끄고 키를 'ON'에 위치시켜 전동 팬을 이용해 엔진을 냉각시키면 된다.

엔진 과열의 원인과 현상

① 계기판의 온도계가 적색부까지 올라감
② 엔진의 출력 저하 발생
③ 노킹(이상 연소로 인한 소음, knocking) 발생 및 조기 점화
④ 각 부품의 변형 및 소결(녹아 붙음) 발생
⑤ 윤활 불충분

엔진 과열의 원인으로는 크게 세 가지가 있다.

첫째, 냉각 호스, 서머스탯 등에 이상이 생겨 누수가 발생하거나 냉각수의 양이 부족한 경우이다. 그러므로 여름에는 냉각수의 양을 자주 점검하여 적정량을 미리 보충해 주어야 한다.

둘째, 팬 벨트가 손상되거나 팬 벨트의 장력이 약해진 경우이다. 팬 벨트의 손상이나 장력 약화는 냉각 장치의 성능을 저하시켜 엔진 과열을 초래하므로 벨트가 항상 팽팽하게 유지되도록 해야 한다.

셋째, 라디에이터 코어 등 냉각수의 통로가 막히거나 냉각 호스가 파열된 경우이다. 냉각 호스는 오랜 기간 사용하다 보면 딱딱해지고 압력에 의해 파손될 수 있으므로 만져 봐서 딱딱한 느낌이 있다면 새 부품으로 교체해 주는 것이 좋다.

엔진이 과열되었을 때 점검 사항

① 냉각수의 양
② 전동 팬 작동 여부(저속/고속) → 퓨즈, 릴레이

라디에이터 앞에는 전동 팬이 설치되어 있는데, 전동 팬은 저속과 고속으로 회전하며 냉각수를 냉각시킨다. 이 전동 팬은 ECM(전자 제어 컴퓨터, Electronic Control Module) 또는 라디에이터에 있는 온도 스위치에 의해서 제어된다.

자동차 검사의 종류와 검사 시기

Professional Page

1. 신규 검사
자동차를 신규로 등록할 때 시행하는 검사

2. 정기 검사
신규 등록을 한 후 일정 기간을 주기로 실시하는 검사

3. 구조 변경 검사
차량의 구조나 장치를 변경할 때 시행하는 검사

4. 임시 검사
자동차 관리법에 의한 명령이나 차량 소유자의 신청에 의해 비정기적으로 이루어지는 검사

5. 배출 가스 정밀 검사
일정 기간을 주기로 실시하는 정기적 배출 가스 정밀 검사

자동차 관리법에 따라 정기 검사는 검사 기간 만료일을 전후로 31일 이내에 받아야 하며 정기 검사를 받지 아니한 경우, 검사 기간이 만료된 날로부터 30일 이내일 때 3만원, 이후 매 3일을 초과 시마다 1만원씩의 과태료가 추가된다(최대 30만원까지 추가). 또한 종합 검사를 기간 내에 받지 않거나 재검사를 하지 않으면 과태료 청구와 함께 자동차 등록 번호판이 영치될 수 있으며, 1년 이하의 징역 또는 300만 원 이하의 벌금에 처해진다.

구분		검사 유효 기간
비사업용 승용 자동차 및 파견인 자동차		2년(최초 검사 유효 기간은 4년)
사업용 승용 자동차		1년(최초 검사 유효 기간은 2년)
경형, 소형의 승합 및 화물 자동차		1년
사업용 대형 화물 자동차	등록 후 2년 이하인 경우	1년
	등록 후 2년 초과인 경우	6개월
그 밖의 자동차	등록 후 5년 이하인 경우	1년
	등록 후 5년 초과인 경우	6개월

[출처 : 교통안전공단]

Owner Driver 39.

여름 에어컨 관리

에어컨의 곰팡이 냄새 제거 방법

무더운 여름이 시작되면 운전자는 오랫동안 사용하지 않던 에어컨을 가동시킨다. 시원한 바람을 기대했으나 찬 바람은커녕 심한 악취가 나는 경우가 종종 있는데, 자동차 에어컨에서 냄새가 나는 주원인은 바로 곰팡이다. 곰팡이는 냄새도 문제지만 차량 탑승자의 건강을 위협하기 때문에 빠른 정비가 필요하다. 사람들은 에어컨에서 냄새가 심하게 나면 보통 곰팡이 제거용 약품을 이용하여 제거하려고 한다. 그러나 여름에는 덥고 습한 날씨가 반복되므로 곰팡이가 계속해서 발생하기 쉬우며, 약품의 효과 지속 기간도 그리 길지 못하다. 여름철에는 목적지 도착 2~3분 전에 에어컨을 끄고, 풍량 조절 다이얼을 시계 방향으로 2~3칸 이동시키면 습기와 냄새를 예방할 뿐만 아니라 연료도 절약할 수 있다.

에어컨의 바람이 시원하지 않은 이유

에어컨을 아무리 강하게 틀어도 바람이 적게 나오거나 아예 나오지 않는다면 공조장치의 블로어 모터 작동 여부를 확인해 봐야 한다. 모터가 작동하지 않을 경우 퓨즈의 단선 혹은 배선

에 문제가 있을 수 있고, 에어컨 필터나 통풍구에 이물질이 쌓여도 바람이 적게 나오니 이 부분의 점검이 필요하다. 이와 반대로 바람은 정상이지만 냉방이 안 된다면 에어컨 냉매가 부족하거나 에어컨 구동 벨트의 장력이 약화되었을 가능성이 있다.

한여름 뜨겁게 달아오른 자동차에 올라타면 찜통이 따로 없을 정도인데, 이럴 때 차량 내부의 열기를 신속하게 낮추는 효과적인 방법이 있다. 우선 모든 창문을 열고 3~4분 정도 주행한 다음 에어컨 풍량 조절 다이얼을 고단부터 저단으로 서서히 내리면 된다. 이렇게 하면 냉각 효율성을 높이고 연비에 도움을 줄 수 있다. 에어컨을 고단으로 틀면 온도는 덜 시원하지만 바람의 세기가 강해 내부의 높은 온도를 빠르게 식힐 수 있고, 저단으로 틀면 온도는 더 시원하나 바람의 세기가 약해 뜨거운 내부 온도를 빠르게 식혀 주기 어렵다는 점을 이용하는 것이다.

여름철 에어컨은 주로 자동차 내부의 온도를 낮추는 역할을 하지만, 차창에 서리는 김을 없애기 위해서도 사용한다. 그러므로 본격적인 여름이 되기 전 미리 에어컨 가스의 누출 여부, 에어컨 벨트의 장력 등을 점검해 쾌적하고 시원한 여름을 보내자.

연비 향상을 위한 5단계 수칙

1. 차량의 무게를 줄이자
자동차 구석구석에 수북이 쌓여 있는 짐은 차량의 무게를 증가시키고, 연비는 증가된 무게만큼이나 떨어지기 마련이다. 그러므로 필요 없는 짐을 꺼내 자동차 무게를 최대한 가볍게 만들어 보자.

2. 경제속도를 준수하자
일반 도로에서는 70~80km/h 정도의 속도를 지키고, 고속 주행에서는 90~100km/h 속도를 준수하면 에너지를 효율적으로 사용할 수 있다.

3. 불필요한 공회전을 하지 말자
장시간 공회전을 할 경우 불필요한 연료가 소모되므로 시동을 끄도록 하자.

4. 차량 점검을 소홀히 하지 말자
자동차의 모든 부품을 항상 쾌적하게 관리하는 것이 에너지 절약과 안전 운전에 매우 중요하다.

5. 정보를 최대한 이용하자
실시간 교통 정보, 도로 CCTV 애플리케이션 등을 활용하면 지루한 운전 시간을 줄일 뿐만 아니라 교통 혼잡도 피해 연비를 효과적으로 절감할 수 있다.

Professional Page

Owner Driver 40.

여름 장마철 자동차 관리

장마철 자동차의 안전 운행 지침

장마철에는 기습적인 집중 호우로 인해 차량이 침수되는 사고가 빈번하게 발생한다. 그래서 비가 많이 내릴 경우 평소 자주 다니는 길이라도 가급적 강변이나 하천 부근으로의 운행은 피하고, 지대가 높은 곳에 위치한 도로로 이동하는 것이 바람직하다. 또 지대가 낮은 지역에서는 건물의 지하보다 지상에 주차하는 것이 안전한 선택이다.

TIP 노면이 젖어 있을 때는 도로별 법정 제한 속도보다 20% 정도 감속 운행하고, 폭우로 인해 전방의 시야가 100미터 이내일 경우에는 해당 도로의 최고 속도보다 절반 정도로 줄여 운행하는 것이 바람직하다.

장마철 자동차의 침수 대비법

여름철 운행 중 차량이 침수되는 피해를 입지 않으려면 물웅덩이를 피하면 된다. 그런데 어쩔 수 없이 통과해야 할 상황이 발생했을 경우에는 우선 에어컨 스위치를 꺼 팬 모터의 손상을 방지하고, 변속 기어를 1~2 저단으로 둔 상태에서 10~20km 정도의 일정한 속도를 유지한 채 단번에 건너가야 한다. 만약 물웅덩이를 통과할 때 변속을 하거나 차를 세워 머플러로 물이 들어가게 되면 시동이 꺼질 수 있으니 각별한 주의가 필요하다. 그럼에도 불구하고 차량이 물에 잠긴 상태에서 시동이 꺼졌다면 절대 다시 시동을 걸지 않아야 한다. 이런 상황에서 차에 시동을 걸면 물이 공기 흡입구를 통해 엔진 내부로 유입되어 엔진이 손상되는 2차 피해가 발생하기 때문이다. 주행 중 차량이 침수되었을 경우에는 시동을 걸지 않은 상태에서 보닛을 열고 배터리의 단자를 분리하여 자동차로 공급되는 전원을 차단한 후 가능한 한 빠른 시간 안에 차량을 견인 조치하는 것이 좋다. 이렇게 한 번 침수된 차량은 전기 계통에 물이 스며들어 전기 장치에 심각한 손상을 초래하는 경우가 많으니 물에서 빠져나온 뒤에도 무리하게 시동을 걸기보다 반드시 전문가에게 정밀 진단을 받고 습기를 완전히 제거한 다음 시동을 걸어야 한다.

여름 휴가철 장거리 운행의 필수품

① 차량용 안전 삼각대
② 스페어타이어
③ 손전등
④ 내비게이션 업그레이드 (신규 도로 확장 정보)
⑤ 차량용 휴대폰 충전기
⑥ 휴대폰 앱 (응급 상황 대처, 날씨 정보 등)

Owner Driver 41.

 낙엽

자동차의 불청객, 가을 낙엽

세상을 온통 알록달록하게 물들이며 낭만과 추억을 선사하는 가을날의 예쁜 단풍과 낙엽들. 사람에게 가을 낙엽은 감성을 자극하는 대상이지만, 자동차에 낙엽은 단지 안전을 위협하는 불청객일 뿐이다. 차량의 보닛과 전면 유리 사이에 떨어져 쌓인 낙엽은 흡입구를 막아 신선한 공기의 유입을 방해하며, 특히 바싹 마른 낙엽은 주정차 시 배기관이 과열될 경우 화재의 우려가 있기 때문에 주의해야 한다.

가을철 자동차의 안전 운행 지침

가을철 도로 위에 많이 떨어져 있는 낙엽에는 습기가 배어 있어 미끄러우며, 특히 비라도 내리면 젖은 낙엽이 타이어와 노면 사이의 마찰력을 크게 떨어뜨리는 탓에 위험한 상황을 맞을 수 있다. 그러므로 낙엽이 많이 쌓인 도로를 주행할 때는 평소보다 속도를 20~50%가량 줄이고, 앞차와의 간격도 충분히 유지하는 것이 바람직하다.

 시골길처럼 폭이 좁은 길을 운행할 때는 떨어지는 나뭇잎으로 인해 순간적으로 시야를 잃을 수 있으며, 길 옆 개울가에 쌓인 낙엽은 마치 도로처럼 보이는 착시 현상을 유발해 차량이 빠지게 만들기도 한다. 그러므로 폭이 좁은 도로를 운전할 때는 길의 중앙으로 주행하는 것이 사고를 예방하는 방법이다.

 낙엽이 많이 쌓인 곳에 주차를 하면 차를 뺄 때 바퀴가 헛돌아 애를 먹는 경우가 있으니 항상 염두에 두도록 하자. 또 낙엽 길을 주행한 차량에 젖은 낙엽들이 붙어 있다면 빨리 제거하는 것이 좋다. 단풍은 광합성을 통해 만들어진 양분이 잎에 그대로 머무르며 점차 산성으로 바뀌어 엽록소가 파괴되면서 색을 변화시킨 것으로 차체의 도장 면을 변색시킬 수 있기 때문이다.

Owner Driver 42.

가을 황사

가을 황사와 에어 필터

우리는 황사라고 하면 봄철(4~5월경)에 중국과 몽골의 사막화된 지역에서 모래와 먼지가 편서풍을 타고 날아오는 것만 생각한다. 그러나 요즘은 가을 황사도 봄철 황사 이상으로 문제가 심각하다. 황사는 수은, 카드뮴, 납, 세균, 바이러스, 곰팡이, 석면 등 중금속과 발암 물질을 포함한 모래바람을 싣고 오는데, 기관지를 자극하여 천식을 유발하고 폐호흡기 환자의 조기 사망률을 높이는 등

여러 방면에서 사람들의 건강을 위협하는 존재이다. 이런 황사는 사람뿐만 아니라 자동차의 건강에도 큰 악영향을 미친다.

자동차도 사람만큼이나 깨끗한 공기를 필요로 하지만, 황사가 불어오면 공기 중의 미세먼지가 평소보다 4배 이상 많아져 에어 필터가 오염되기 쉽다. 에어 필터는 엔진으로 흡입되는 공기를 걸러 주는 역할을 하는데, 에어 필터가 오염되어 제 기능을 못할 경우 필요한 공기를 충분히 흡입하지 못해 출력이 떨어지고 연비가 나빠지게 된다. 그러므로 황사 기간에 운행을 많이 했거나 공기의 오염이 심한 지역을 자주 지나다녔다면 에어 필터의 교체 시기를 좀 더 앞당기는 것이 좋다. 또 자동차의 실내도 자주 청소해 주고, 에어컨 필터와 공기

청정기 필터가 오염되었는지 점검하여 오염이 심한 경우 즉시 교체해 실내 공기를 쾌적하게 유지하는 것이 바람직하다.

가을철 차량 주차와 세차 방법

황사로 인해 공기 중에 먼지가 많을 때는 외부 주차장보다 지하 주차장이나 옥내에 주차를 하는 것이 좋으며, 불가피하게 외부 주차를 해야 한다면 차량 커버를 씌워 놓는 것이 현명한 방법이다. 만약 차체에 황사가 쌓인 채로 방치할 경우 도장 면의 변색이나 부식이 발생할 수 있으니 구석구석 깨끗하게 물 세차를 하도록 한다.

> **TIP** 자동차를 세차할 때는 세차 전용 제품을 사용하는 것이 좋다. 자동차의 도색 면에는 일종의 코팅이 되어 있는데, 일반 세제, 샴푸 등을 이용해 세차를 하면 코팅이 벗겨지거나 손상될 수 있기 때문이다. 또 세차 후 물기를 그대로 두면 얼룩이 질 수 있으니 극세사로 된 세차 전용 타월을 이용하여 깨끗하게 제거하도록 한다.

지하 주차장 천장에서 떨어진 시멘트 물 얼룩 지우기

지하 주차장에 차를 주차했다가 천장에서 떨어진 시멘트 물 때문에 차에 얼룩이 생기는 경우가 종종 있다. 이렇게 생긴 얼룩은 쉽게 제거되지 않을 뿐만 아니라 시멘트 가루가 도장면에 손상을 입히게 되는데, 다음과 같은 방법으로 깨끗하게 제거할 수 있다.

Step 1 시멘트 물로 오염된 부위의 크기를 정확하게 확인한다.

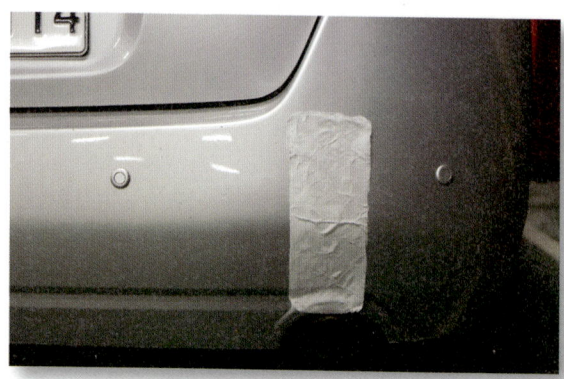

Step 2 티슈에 식초를 충분히 묻힌 다음 오염된 부위에 올리고 10분 정도 기다린다.

TIP 2~3배 강화 식초를 사용하면 더 좋다.

Professional Page

Step 3 티슈를 문지르지 말고 가볍게 들어 떼어 낸 후 시멘트 가루가 차체에서 자연스럽게 떨어지도록 물을 뿌리면 얼룩이 깨끗이 지워지는 것을 확인할 수 있다.

Step 4 보닛 위로 떨어져 오염 부위가 넓은 경우에도 같은 방법으로 얼룩을 깨끗하게 제거할 수 있다.

Owner Driver 43.

가을 안개와 야간 운전

가을 안개와 안개등

'가을 안개는 풍년 든다'는 속담이 있다. 가을철 벼가 영글 때 안개가 끼면 보통 그날은 날씨가 따뜻하고 일조량이 많아 벼가 익는 것을 촉진시키기 때문에 결실이 좋다는 뜻에서 쓰이는 말이다. 이렇게 가을 안개는 풍년을 의미하지만 안개가 많이 끼면 전조등의 성능이 아무리 뛰어나도 물 입자가 빛을 반사시켜 시야를 방해하므로 운전자에게는 무척 위험한 요소이다. 이런 상황에 유용한 장치가 바로 안개등인데, 안개등은 가까운 거리를 비추어 전조등보다 투과성이 높고, 조사 각도가 넓어 전방의 시야 확보를 유리하게 만든다. 일교차가 커서 안개가 자주 끼는 가을철에는 운행에 앞서 안개등, 전조등, 테일 램프 같은 각종 등화 장치를 미리 점검하여 안전한 운행을 할 수 있도록 준비하는 자세가 필요하다.

등화 장치 정비의 중요성

도시에서는 야간에도 건물, 도로의 가로등 불빛들이 워낙 주변을 밝게 비추기 때문에 자동차의 등화 장치들이 큰 역할을 하지 않는다는 생각이 들 때도 있다. 그런데 시내를 조금만 벗어나거나 가로등이 없는 골목길에 들어서 보면 고장으로 들어오지 않는 한두 개의 등화 장치가 얼마나 중요한지 절실히 느끼게 된다.

TIP 자동차 등화 장치는 꼭 전구의 수명이 끝날 때까지 기다리지 말고, 밝기가 어두워진 곳이 있다면 미리 교체를 하는 것이 안전을 지키는 방법이다.

　전조등이 한쪽만 작동할 경우 운전자는 전방 시야 확보에 큰 어려움을 느끼게 될 뿐만 아니라 마주 오는 상대 차량이나 보행자가 내 차를 오토바이로 오인하여 사고로 이어지는 경우도 종종 발생한다. 특히 자동차 뒤쪽에 장착된 테일 램프는 뒤따라오는 차량의 운전자에게 내 차의 진로, 위치, 제동 여부를 알리는 중요한 역할을 하므로 평소 양쪽 등이 반드시 정상적으로 들어오도록 정비해 두어야 한다.

Owner Driver 44.

 히터

겨울철 난방 장치와 실내 환기

자동차 엔진의 냉각 방식은 공기를 이용하는 공냉식과 물을 이용하는 수냉식 기관으로 나뉘는데, 현재 대부분의 자동차에는 수냉식 기관이 적용되어 있다. 수냉식 냉각 장치의 경우 냉각수가 엔진을 순환하면서 항상 85℃ 정도의 온도를 유지하고 있어 히터를 틀면 따뜻한 바람을 손쉽게 얻을 수 있다. 단, 냉각수가 데워질 때까지는 시동을 걸고 일정한 시간이 지나야 하기 때문에 시동을 걸자마자 따뜻한 바람이 나오게 할 수는 없다. 겨울철 자동차의 실내 온도를 빠른 시간 안에 높이고 싶다면 시동을 건 후 계기판의 엔진 온도계 바늘이 중간 정도까지 올라왔을 때 히터를 가장 강한 단계로 틀면 된다. 시동을 켜자마자 히터를 작동시킬 경우 엔진에 공급되어야 할 열이 대부분 방출되어 오히려 따뜻한 바람이 나올 때까지 더 오랜 시간이 걸린다는 것을 잊지 말자.

　난방 장치의 사용 시간이 많아지는 겨울철, 운전을 하는 내내 한 번도 환기를 하지 않고 히터를 계속 켠 채 주행하는 사람들이 꽤 많다. 이런 경우 차의 실내가 상당히 건조해져 호흡기 질환을 야기할 수 있고, 산소가 부족해 두통과 졸음을 유발하므로 안전 운행에도 좋지 않은 영향을 미친다. 그러니 겨울철에 운행할 때 날씨가 아무리 춥더라도 가끔씩은 히터의 설정 온도를 낮추고 창문을 열어 신선한 외부 공기를 유입시켜 실내의 공기를 환기시켜 주자.

Owner Driver 45.

겨울 스노타이어와 스노체인

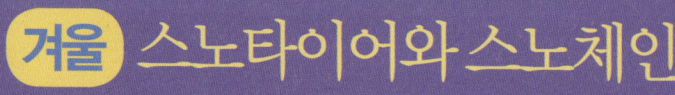

겨울철 타이어 점검과 월동 장비

눈길, 빙판길에서의 운전은 아무리 조심한다고 해도 순간적으로 타이어가 미끄러져 사고를 초래할 수 있기에 노련한 베테랑 운전자라도 부담스러울 수밖에 없다. 특히 타이어가 마모된 상태라면 눈길에서의 제동력이 더욱 떨어져 제동 거리를 예측하기 어렵기 때문에 사고로 이어지기 쉽다. 겨울철 안전한 운행을 위해서는 타이어의 마모 상태와 타이어 옆면에 손상이 없는지 점검하고 상태가 안 좋은 타이어는 미리 교체해 주는 것이 좋다. 또한 갑작스러운 폭설 및 빙판길에 대비하여 스노체인 등 월동 장비를 꼭 구비한 뒤 사용 방법을 익혀 두어야 한다.

스노타이어 꼭 필요한가

사계절이 뚜렷한 우리나라는 자동차가 출고될 때부터 이에 적합한 타이어가 장착되어 있기 때문에 겨울이 되었다고 굳이 스노타이어로 교체할 필요는 없다. 하지만 적설량이 많은 지역을 운행해야 할 경우에는 최소한 구동축에라도 스노타이어를 장착하는 것이 바람직하다.

스노타이어는 눈길에서 우수한 접지력을 발휘할 수 있도록 타이어의 홈을 굵고 깊게 디자인하여 눈이 쌓인 노면을 바퀴가 찍어 가며 주행하도록 만든 타이어다. 타이어의 홈에 들어간 눈이 떨어져 나가기 좋게 설계되어 있기 때문에 빙판길에서의 주행에 효과적이지만, 스노타이어를 장착했다고 눈길, 빙판길에서 미끄러지지 않는다는 것은 아니니 절대 오해하지 말아야 한다. 다만 스노타이어는 추운 겨울에도 고무 재질의 탄력성을 유지하도록 특별한 재질을 사용하며, 우수한 접지 면을 만들어 일반 타이어에 비해 눈길이나 빙판길에서 덜 미끄러진다고 생각하면 된다. 특히 눈이 많이 오는 지역에서 생활하는 운전자라면 스노타이어 사용을 고려해 볼 만하다.

이처럼 겨울철에는 알맞은 운행 장비를 활용하는 것도 중요하지만, 무엇보다 눈 내린 노면이나 결빙된 노면에서 주행 속도를 줄여 서행하고, 평소보다 앞차와의 안전거리를 더 많이 유지하며, 미끄럼을 방지하기 위해 급제동이나 급가속을 자제하는 것이 바람직하다.

스노체인 장착하기

1 스노체인과 부속물을 준비한다.

> **TIP** 스노체인은 가격은 비싸지만 장착하기 쉬운 고급형, 가격은 저렴하지만 장착하기 어려운 일반형으로 나뉘는데, 책에서는 일반형을 기준으로 스노체인 장착법에 대하여 배워 보자.

2 스노체인을 구동축 바퀴 밑으로 집어 넣는다. 이때 체인에서 중앙이 분리된 쪽이 차량 바깥쪽에 위치하도록 한다.

> **TIP** 스노체인은 구동 바퀴에 연결해야 한다.

3 바깥쪽 분리된 체인의 클립을 연결한다.

4 체인의 양 끝을 잡고 바퀴를 감으며 안쪽 클립을 연결한다.

> **TIP** 체인과 함께 들어 있는 비닐 장갑을 끼고 작업하면 바퀴에 묻은 오염물에 의해 손이 더러워지는 것을 피할 수 있다.

5 바깥쪽 클립도 같은 방법으로 연결한다.

6 체인의 클립이 잘 연결되었는지, 체인이 정상적으로 바퀴를 감고 있는지 확인한다.

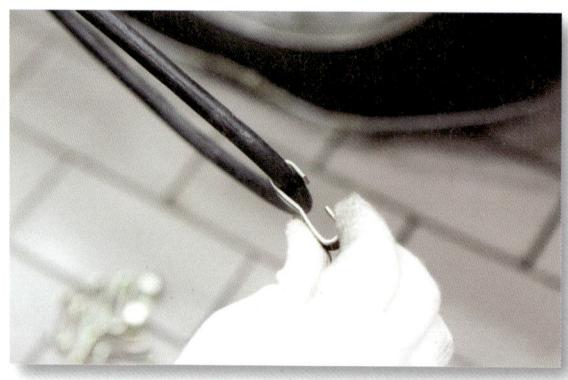

7 고무링에 클립을 끼운다.

8 클립의 한쪽 끝을 바퀴의 체인 위쪽에 연결한다.

9 체인의 아래위로 밴드와 밴드 사이에 고무링을 연결한다.

10 같은 방법으로 클립을 이용하여 고무 링과 체인을 완벽하게 결합시킨다.

TIP 클립은 대각선 방향으로 하나씩 설치해야 쉽게 장착할 수 있다.

11 분해는 장착의 역순으로 하면 된다.

12 스노체인 고급형은 일반형에 비해 장착이 더 쉬우며, 바퀴에 장착했을 때 그림과 같은 모양이다.

Owner Driver 46.

겨울 시동 걸기

겨울철 효율적인 배터리 관리 방법

겨울철 추위가 맹위를 떨치면 사람도 몸을 움츠리고 활동량이 떨어지는 것처럼 한파가 이어질 경우 자동차에서도 평소 멀쩡하던 배터리의 성능이 저하되어 시동이 안 걸리는 현상이 종종 발생한다. 또 겨울에는 히터, 시트 열선, 뒤창 유리 열선 등 소비 전력이 높은 전기 장치의 사용이 많아져 배터리를 더욱 힘들게 만들기 때문에 혹한의 날씨에는 성능 유지를 위해 헌 옷으로 배터리를 감싸 보온해 주는 것이 좋은 방법이다. 자동차의 시동이 걸리지 않을 때 연속적으로 무리하게 시동을 걸면 배터리의 수명을 단축시키므로 우선 시동이 안 걸리는 이유부터 파악한 후 다시 시도해 봐야 한다. 만약 배터리 단자 주변에 부식이 발생하여 접촉이 불량한 것이 원인일 경우 배터리의 성능을 제대로 발휘할 수 없으니 쇠 브러시나 사포를 이용하여 녹을 긁어내고 표면을 깨끗하게 만들어야 한다.

1 배터리 단자에 녹이나 이물질이 많이 끼어 있을 경우 사포를 이용하여 단자와 케이블 접촉 면을 살짝 갈아 준다.

2 케이블을 결합한 후 그리스를 단자와 케이블의 연결 부위에 바른다.

겨울철 필수 과정, 운행 전 예열하기

시동이 걸리지 않는 원인을 해결하여 시동을 걸었다고 해서 곧바로 출발한다면 이는 마라톤 선수에게 잠에서 깨어나자마자 42.195km를 달리라는 것과 마찬가지이다. 꼭

TIP 겨울철에는 만일의 사태를 대비해 작업용 장갑, 스노체인, 서리 제거용 주걱, 김 서림 방지제, 손전등, 삽, 점프 케이블 등 필수 장비들을 자동차에 싣고 다니도록 한다.

시동 불량 상황에서만이 아니라 겨울철에는 시동을 걸고 통상 2~3분 정도 공회전을 통해 충분한 예열 과정을 거친 후 차를 움직이는 것이 바람직하며, 이때 공회전은 5분을 넘지 않는 것이 좋다.

OUTRO

There is more to life than increasing its speed.
Mahatma Gandh

인생에는 서두르는 것 말고도 더 많은 것이 있다.
마하트마 간디

내 차 사용설명서

1판 1쇄 발행 2013년 05월 08일
1판 8쇄 발행 2018년 11월 15일

지은이 김치현·정태욱
펴낸이 이연진
펴낸곳 연두m&b
주소 서울특별시 성북구 안암로 57-1
전화 070-7393-7394
팩스 02-6499-0490
등록 2012년 2월 29일 제2012-4호
홈페이지 www.ydmnb.com
이메일 ydmnb@naver.com

ISBN 978-89-968820-2-2 13550
정가 14,800원

이 책을 만든 사람들
기획·진행 김중락
교정 신정진
표지·편집 디자인 조미경
사진 정태욱
마케팅 정창용·고은예

Copyright © 2018 by 연두m&b Company All rights reserved.
First edition Printed 2013. Printed in Korea.

이 책은 연두m&b가 저작권자와 계약을 통해 발행한 서적이므로
발행인의 승인 문서 없이는 어떠한 수단으로도 책의 내용을 이용할 수 없습니다.

※ 잘못된 책은 구매하신 서점에서 바꾸어 드립니다.